Александр Вильшанский

ЛЕЧЕБНОЕ ГОЛОДАНИЕ

теория, практика, техника безопасности

Памяти моей жены
Галины Александровны Шатовой

Израиль   2018

Лечебное голодание.

Теория, практика, техника безопасности

Д-р Александр Вильшанский

Контактная информация – geota2010@yahoo.com

Опубликовано 11.01.2018
Напечатано в США, Lulu Inc., № 22411062
ISBN 978-1-387-50850-1

Израиль   2018

Дорогой читатель!

Сегодня тебе сильно повезло – ты держишь в руках замечательную книгу, которая переворачивает наше представление об одной из самых страшных болезней нашего времени – сахарном диабете (и не только о нем!)

Почему автор обратился к такой, казалось бы, «заезженной» сегодня теме как лечебное голодание? Зачем раскрывает процесс пищеварения на самом подробном, по-существу биохимическом, уровне?

Потому что здоровое, сбалансированное и, что особенно важно, умеренное питание – основной «секрет» успеха не только в сохранении здоровья, но и в преодолении множества уже имеющихся недугов.

Сахарный диабет, как известно, однозначно опасен и сам по себе. Однако этим его вредное воздействие на наш организм не ограничивается. Диабет «открывает ворота» для нарушения обмена веществ, проходимости кровеносных сосудов, инфаркту, инсульту, заболеванию почек, слепоте... и часто – преждевременной смерти.

Прочитав книгу и ты узнаешь, как и почему он начинается, какие изменения возникают в нашем организме при этом заболевании, какие из них обратимы, а какие – нет; и как мы должны себя вести, если уж заболели.

Но самое главное – книга подробно и предельно ясно показывает, как этого можно избежать.

Лечебное голодание помогает справиться со многими болезнями.
Однако, что бы ни говорили вам специалисты по голоданию:

при диагнозе вашего заболевания «ДИАБЕТ» ни в коем случае не пытайтесь самостоятельно проводить даже небольшие по времени курсы голодания!!!
Даже не пробуйте!!!

Вы можете внезапно попасть в кетоацидотическую кому, и не успеть из нее выбраться!
Будьте крайне осторожны! Проводите голодание только в специальных клиниках!

С Александром Вильшанским мы познакомились в Интернете; на одном из форумов я обратил внимание на удивительно точные и содержательные сообщения одного из участников. Начал регулярно посещать форум, мы познакомились, сначала виртуально, а через какое-то время и лично. Уже несколько лет мы дружим. Спорим, переживаем, делаем выводы.

Александр – ученый. Вернее будет сказать, что он – Ученый. Немало, кстати, сделавший в своей отрасли. Он не врач и не биохимик, однако сумел подойти к патогенезу и развитию сахарного диабета настолько глубоко, что это ставит его книгу в один ряд с самыми серьезными изысканиями в медицинской науке. Его подход к любой проблеме всегда именно академический, в лучшем смысле слова.

Разумеется, не стоит пытаться одолеть книгу, как говорится, «наскоком»; из серьезного и вдумчивого чтения читатель извлечет гораздо больше пользы. Сможет четко представить, о чем идет речь. Глубоко понять. А значит, передав родным и близким то, что узнал сам, понесет свет учения дальше. То есть

- поможет людям: кому-то предотвратить заболевание, кому-то
- стать на путь выздоровления.

От себя желаю автору как можно больше таких умных и внимательных читателей.

С.Резницкий
практикующий врач с 40-летним стажем

Оглавление

К ЧИТАТЕЛЮ

Эта книга была написана в начале 90-х годов в России. Ситуация с продовольствием становилась все хуже, а сами продукты питания все менее доброкачественными. Одновременно ухудшалась и медицинская помощь – лекарства уже было трудно достать, и они непрерывно дорожали, а квалификация оставшегося в стране медицинского персонала в общей массе своей – ниже всякой критики. Экология продолжает катиться вниз и по сей день. Все это вместе во многих регионах уже привело к резкому возрастанию заболеваемости людей. Потеряв надежду на помощь медицины, особенно в тяжелых случаях, люди обращаются к естественным методам лечения, к которым относится, в частности, лечебное голодание и уринотерапия. На книжный рынок вышли труды Николаева, Брэгга, Армстронга, Митчелла и других авторов. Люди хватаются за эти методы как за соломинку. И многих здесь ждет разочарование.

Дело в том, что **все эти книги – не инструкции для проведения голодания, ими нельзя пользоваться как руководствами.** Это лишь реклама автора и метода, рассказ об эффективности его применения. На Западе такое лечение проводится в специальных клиниках, под наблюдением специалистов, вооруженных специальными знаниями и новейшей аппаратурой, и способных произвести все анализы состояния больного за пару часов, а то и минут. Самостоятельное же применение этих методов таит в себе опасности, различные неожиданности, и может не только ухудшить здоровье, но и свести пациента в могилу "из-за пустяка".

В России нет ни клиник, ни специалистов. Но в России нет и условий для нормальной жизни, есть много больных людей. Прочитав эти книги, они обязательно начнут пробовать эти методы на себе, и их ничто не остановит, потому что им нечего терять.

Для этих людей и предназначена эта книга. Она дает КОНКРЕТНЫЕ ИНСТРУКЦИИ, как провести лечебное голодание, не подвергая свое здоровье риску ухудшить его еще более, а с расчетом на выздоровление. Эта книга – не реклама, у автора нет ни клиники, ни имени. Есть лишь тяжелый опыт приобретения специальных знаний в области голодания и уринотерапии. Почти 30 лет после написания этой книги друзья и знакомые уговаривали автора передать этот опыт людям. Но решение я принял после того, как в 2017 году группе исследователей в области лечебного голодания была присуждена Нобелевская премия.

В наше время новости в Интернете распространяются со скоростью света. А уж в случае присуждения кому-то Нобелевки тысячи людей могут взяться за эксперименты на самих себе. И поэтому опасность для здоровья людей возрастает в десятки и сотни раз. И это уже происходит, предотвратить это вряд ли возможно. Поэтому книга-справочник, книга-предупреждение, стоящая на открытой полке на кухне, может сослужить таким людям большую службу.

Для этого она теперь и издается в печатном виде.

ПРЕДИСЛОВИЕ

Эта книга написана не врачом и не для врачей. Она написана для больных и не слишком здоровых людей, имеющих знания по биологии и медицине в объеме курса советской средней школы, то есть не имеющих почти никакого представления о том, как работает человеческий организм. Именно это и позволяет представителям современной "массовой" медицины морочить людям головы, и полностью держать их в своей власти. Социальная структура общества закрепляет эту власть. Ведь даже получить освобождение от работы по случаю болезни можно только в официальном медицинском учреждении, а лечиться в более или менее тяжелом случае вы можете только в государственной больнице. Врачи сами тоже не свободны – хирургические и терапевтические методики лечения очень строго регламентированы министерством "здравоохранения", и не дай бог врачу отклониться от них в ходе лечебного процесса.

В таких условиях нестандартные, хотя и традиционные, естественные (натуропатические) методы лечения по большей части не могут быть применены. С другой стороны, современные методы клинической терапии с помощью так называемых "лекарственных препаратов" по недавнему выражению в телеинтервью главного пульмонолога города Ленинграда проф.Кокосова "себя дезавуировали", то есть, говоря по-русски, показали в целом свою несостоятельность, и к ним было утрачено доверие не только у пациентов, но и у самих врачей. Единственный выход из этого положения – не болеть. А уж если заболел, то ни в коем случае не лечиться "лекарствами" официальной медицины за исключением тех случаев, когда возникает явная необходимость в хирургическом вмешательстве (переломы и проч.)

Спору нет, с того времени, как Пастер предложил прививку от бешенства, медицина сделала очень большие успехи, особенно в микробиологии и физиологии. Тем не менее, терапия продолжает блуждать в потемках, не имея на вооружении главного – точного, базирующегося на этих успехах, представления о работе и устройстве органов человека и причинах их заболеваний. А без этого поиски и применение химических соединений в качестве лекарств в значительной степени лишены основания, и могут лишь временно облегчить состояние больного.

Нельзя отрицать также, что в тех критических случаях, когда для спасения человеческой жизни имеются считанные часы или минуты, применение современных методов терапии и хирургии целесоообразно и необходимо, и в большинстве подобных случаев – достаточно эффективно. Но если для лечения заболевания имеется еще достаточно времени, и нет показаний к применению самых срочных мер, методы естественного лечения, безусловно, предпочтительнее любой химиотерапии.

Эта книга была написана для людей, живущих в СССР, отчаявшихся получить эффективную помощь от официальной медицины в лечении тяжелых заболеваний, и не имеющих возможности лечиться в стационарных натуропатических клиниках по причине их полного отсутствия в тех местах. Видя единственное свое спасение в естественных методах лечения, или даже просто пытаясь укрепить свое здоровье натуропатическими методами, они с одной стороны, оказываются перед большим выбором натуропатических методов и школ, не говоря уже о различных "руководствах", часто входящих между собой в видимое противоречие. Не будучи в состоянии сделать разумный выбор метода и применять его на практике, многие отказываются от их применения. С другой стороны, решившись, все-таки, применять тот или другой метод, эти "добровольцы поневоле" случается, приносят вред своему здоровью. Подобная практика не приносит помощи больным и дискредитирует сам метод.

Отсутствие практических руководств по натуропатии усугубляет проблему. Из циркулирующих в Самиздате и Интернете книг ни одну нельзя с полным правом назвать практическим руководством. Скорее это рекламные книги-проспекты. Мы не говорим уже об отсутствии книг, посвященных сколько-нибудь серьезной, на современном теоретическом уровне, проработке и обоснованию натуропатических и гомеопатических методов лечения.

В свое время автор оказался в таком же положении. Будучи по профессии техническим специалистом, я не мог применять какой-либо метод лечения самостоятельно, не понимая, на какой физиологической основе он основан.

Настоящая книга является прежде всего результатом выяснения физиологических основ голодания и уринотерапии, а также (в небольшой части) выяснения основ рациональной диеты и ее восприятия человеком, решившим все-таки следить за состоянием своего здоровья и, по возможности, укреплять его. Насколько это удалось - судить читателю.

ВВЕДЕНИЕ

Один из авторитетов натуропатии, Уокер, указывает, что за последние несколько сотен лет натуропатические принципы лечения больных не претерпели существенных изменений, что свидетельствует, по его мнению, об отсутствии необходимости их совершенствовать, в то время как химиотерапевтическая медицина постоянно меняет свои методы, объявляя сегодня вредным то, что признавалось полезным вчера. Пример аспирина известен очень многим из тех, кто помнит, что вначале считалось, что он «помогает от сорока четырех болезней», затем обнаружилось его вредное влияние на сердце, но затем он снова стал применяться преимущественно от "простудных заболеваний" и для «разжижения крови». По мнению Уокера это говорит не о прогрессе медицины, а об ее несостоятельности в лечении болезней. Мнение это, конечно, очень крайнее. Но вместе с тем нельзя отрицать, что развитие биологической науки за последнее столетие дало новые огромные знания о принципах работы всего организма и отдельной клетки. И не было бы ничего предосудительного в том, если бы отдельные врачи и организации пытались поставить эти знания на службу экспериментальной медицине, не подавляя при этом и не заменяя полностью старые, проверенные на многовековом опыте (и в среднем хорошо зарекомендовавшие себя) натуропатические методы. Ведь без полного понимания принципов работы живого организма (а до этого еще ох, как далеко!) современная медицина остается чисто экспериментальной отраслью биологии, получившей (или присвоившей себе) официальное право проводить свои эксперименты на людях в массовых масштабах, причем отнюдь не на добровольцах, а на несчастных, поставленных в такое положение, когда они вынуждены стать подопытными кроликами, не имея выбора и возможности обратиться к естественным методам лечения.

В силу этого мы должны признать позицию современной официальной медицины в этом вопросе как позицию АНТИГУМАННУЮ, лишь внешне прикрытую рассуждениями о гуманизме.

С другой стороны, нельзя также не признать, что, не меняя своих методов в течение веков, натуропатия не нашла возможности (или желания) подвести современную научную базу под свои практические приемы. Нам, по крайней мере, такие попытки неизвестны. В глазах современного человека это дает крупные козыри в руки официальной медицины – ведь она пользуется общепринятыми методами научного познания мира и истины! Напротив, если натуропаты и пытаются объяснить теоретически некоторые применяемые ими методы и приемы, то эти объяснения выглядят часто очень наивными, часто непонятными и противоречивыми. Ибо в основе натуропатии до сих пор лежала философия, а не метод научного познания природы. Это положение в натуропатии было вынужденным, так как несколько сотен лет назад только философия была единственным способом хоть сколько-нибудь логично объяснить все происходящее в мире. Но сегодня для многих людей этого совершенно недостаточно.

Цель этой книги как раз и состоит в том, чтобы предложить физиологическую базу для некоторых натуропатических методов – лечебного голодания, уринотерапии и, в некоторой степени, для диетологии. Мы попытаемся перекинуть мост между современной биологией и натуропатией, показав, что методы последней, по крайней мере, не противоречат данным современной биологии, чего нельзя сказать о многих "рекомендациях" нашей диетологии и медицины. Заодно, мы надеемся, что читатель получит некоторые знания о работе основных органов и систем человеческого организма, а также о методах нормализации работы этих систем. И, (что, возможно, самое главное) он сможет сознательно, критически оценивать эффективность того или иного метода лечения и профилактики болезней, которые ему могут быть в будущем предложены представителями тех или иных направлений натуропатии и медицины.

Методы лечебного голодания и уринотерапии, повидимому, наименее всего подходят именно для советского человека. Возможность применения этих методов по полной программе ограничена лишь сравнительно небольшим контингентом инвалидов и пенсионеров, так как для его применения требуется достаточно большое время при условии освобождения от работы. К тому же для его практической реализации в домашних условиях совершенно необходимо постоянное присутствие и помощь другого человека, ухаживающего за больным, особенно лежачим. Ребенка при этом вообще нельзя оставлять без постоянного присмотра ни на минуту, чтобы он чего-нибудь не съел в приступе голода. Необходимо иметь возможность хотя бы периодического анализа мочи и крови. В советских условиях все это крайне затруднительно или просто невозможно даже в клинике, тем более, что клиники мочевой терапии вообще отсутствуют. Получить же освобождение от работы для проведения курса голодания в течение месяца практически невозможно, а использовать очередной отпуск жалко. Все это, плюс практически полное отсутствие информации, объясняет, почему известные случаи излечения с помощью голодания и уринотерапии у нас практически единичны.

Большое значение имеет, конечно, и авторитет современной медицины, ее мнимая ответственность за здоровье больного. На самом деле этот авторитет держится исключительно на полном отсутствии у большинства людей даже простых представлений о работе и строении организма человека, и на завесе тайны, окутывающей действия врачей, также не имеющих в большинстве своем таких представлений; иначе невозможно объяснить чудовищные глупости, допускаемые ими при лечении больных людей. Хотя я рискую уподобиться врачам-натуропатам, постоянно ругающим официальную медицину во всем мире, могу сослаться лишь на то, что, начав изучение теоретических основ голодания и натуропатии вообще, я был вынужден обращаться ко многим врачам и специалистам за разъяснениями, и лишь за одним-двумя исключениями обнаружил у них полную некомпетентность в вопросах, связанных с функционированием организма как целого. Нельзя сказать, что это были плохие специалисты. Но они были именно специалистами. А чтобы лечить эффективно не человечество вообще, не массы больных, а конкретного человека, недостаточно быть очень квалифицированным кардиологом, нефрологом или еще каким-нибудь специалистом в узкой области. Нужно быть прежде всего СИСТЕМЩИКОМ, знающим и понимающим общие принципы работы организма. А таких людей мало, исчезающе мало.

Для иллюстрации сказанного можно привести пример совсем из другой области, пример чисто технический. Предположим, что имеется специалист-электронщик, прекрасно знающий все процессы, происходящие в радиолампах, транзисторах, колебательных контурах и микросхемах. Может ли такой человек починить телевизор, или, того больше, радиолокатор, вышедший из строя, или просто плохо работающий («больной»). Для радио-инженера ответ на этот вопрос очевиден – конечно НЕТ! Во-первых, он должен иметь принципиальную точную схему именно данного аппарата, а не телевизора вообще, уметь в ней разбираться, приблизительно знать в каких частях схемы какие сигналы должны иметь место, должен иметь представление о наличии и работе контуров обратных связей, которых в телевизоре как минимум четыре, а в радиолокаторе наберется с десяток. И, зная все это, он еще просидит с выяснением причин неправильной работы аппарата не один час, а затем еще достаточно большое время потратит на устранение неисправностей и наладку работы аппарата.

Современные врачи не знают «принципиальной схемы» устройства человеческого организма (по крайней мере, в инженерном понимании этого слова), многие элементы этого организма для них – "белые пятна" или "черные ящики". Обратных связей в организме сотни и тысячи, проследить их взаимоотношения, может быть, можно в научных исследованиях на партиях мышей, но совершенно невозможно в каждом конкретном случае заболевания. И, несмотря на все это, современный врач "ставит диагноз" в считанные минуты, причем больному, которого он видит впервые в жизни. Скажете – опыт? Отвечу – никакой опыт не позволит даже самому опытному инженеру или технику за пять минут определить достаточно сложную неисправность в радиолокаторе. Человек же неизмеримо сложнее, и все люди - разные. Врачу позволяет ставить мгновенный диагноз не опыт, не блестящее всеобъемлющее знание организма и, тем более, не анализ данного конкретного случая. Ему позволяет делать это ПОЛНАЯ БЕЗОТВЕТСТВЕННОСТЬ ЗА РЕЗУЛЬТАТ ЛЕЧЕНИЯ.

В пользу этой точки зрения говорит еще и то, что за редкими исключениями врачи не лечат себя сами, хотя, казалось бы, им это сделать гораздо легче, особенно терапевтам, то есть людям, как раз и призванным разбираться в общих вопросах работы организма. Кардиологи не лечат себя сами, если у них болит сердце. Единственно, кого можно оправдать – это хирургов и зубных врачей. Самому себе трудно сделать операцию, хотя такие случаи в крайних обстоятельствах и бывали. Так называемая «врачебная этика» закрепляет это право за врачами – считается неэтичным обвинять другого врача в неправильном лечении, или лечить пациентов другого врача. "Мы снимаем с себя всякую ответственность!" можно услышать от них, если вы выражаете сомнение в их методах лечения и хотите перейти в другую больницу. И это кажется нам естественным. Но ведь ОНИ НЕ НЕСУТ НИКАКОЙ ОТВЕТСТВЕННОСТИ ЗА СМЕРТЬ ИЛИ ИНВАЛИДНОСТЬ пациента в результате лечения, если, конечно, пациент – не слишком важная фигура (здесь речь идет о ситуации в России – прим. авт. 2017 г.).

Да простит мне читатель это отклонение, но в моей жизни было несколько случаев, подтверждающих сказанное. Моего отца пытались лечить от камней в почках в 1-й Градской больнице Москвы. Спас его лишь счастливый случай в лице одного из действительно опытных врачей – известного нефролога проф.Лопаткина. Он случайно зашел в операционную, когда отец уже находился на операционном столе, и его хотели оперировать по поводу этого камня в почке. "Что вы делаете? – сказал Лопаткин. – Ведь у него воспаление легких!" На следующий день у отца извлекли из легкого пол-ведра гноя, и он остался жив. Впоследствии матери даже не удалось получить официальной справки о том, что он находился в урологическом отделении этой больницы – его "историю болезни" просто "потеряли".

Потеря карточек в советских поликлиниках – дело обычное. А ведь в этой карточке – вся ваша история развития с детского возраста. Кто-нибудь когда-нибудь из ваших врачей хотя бы просматривал эту историю, прежде чем сделать свой вывод о причине вашего сегодняшнего заболевания? Часто карточки как-то незаметно "теряются", и вот вам уже 50 лет, а ваша история болезни состоит из чистых листов, как будто вы только что родились на свет. А ведь любому врачу хорошо известно, что кардиограмму можно правильно расшифровать только сравнивая ее с прошлыми кардиограммами. Но когда у вас в первый раз становится плохо с сердцем, то обычно и сравнивать-то не с чем – раз вы по поводу сердца раньше не обращались, то и никакой кардиограммы, естественно, и быть не может!

Поэтому недоверие натуропатов к современной медицине не только вполне обосновано, но еще и должно быть помножено на полнейшую безответственность "белых халатов". (Не отсюда ли происходит термин "халатное отношение" к чему-либо?)

Официальная медицина подмяла под себя не только народную, интуитивно-опытную медицину, и не только гомеопатию. Она даже внутри себя преследует новые направления, хотя и не противоречащие ее собственным принципам, но подвергающим сомнению эффективность методов, создатели и сторонники которых занимают в руководящих медицинских органах высокие посты. Достаточно вспомнить полную трудностей судьбу доктора Илизарова, врача-костоправа Касьяна-отца, трагическую судьбу доктора Сенно и его клиники и многих других. И это – хирургия, сравнительно точная область медицины, где эффективность восстановления функций сравнительно легко определить. Что же творится в других областях!? Последний печально известный случай – так до сих пор и не пройденный до конца двадцатилетний путь противоракового препарата "катрэкс", судьба ученого Гачечиладзе. А сколько их еще, так и оставшихся неизвестными? Таково положение в медицине, науке, претендующей на звание самой гуманной из наук.

*

Это положение в медицине сложилось не вчера и не случайно, не по чьей-то недоброй воле. Еще в начале 19-го века доктор С.Ганеман определил водораздел в медицине, разделив ее на "гомеопатическую" и "аллопатическую". В те времена философскому обоснованию наук уделялось такое же внимание, как и в СССР. По словам "гомеопатия" понимался метод лечения по принципу "подобное – подобным", под термином "аллопатия" понимался метод лечения по принципу "противоположное – противоположным". Суть этого в упрощенном виде сводилась к следующему.

Предположим, у вас появляется некая сыпь на щеке. Необходимо ее вылечить. Гомеопат, в результате предыдущих экспериментов и опыта, знает, что сок некоего растения с острова Мадагаскар, взятый в период его цветения, при приеме внутрь, безусловно, ядовит. Но в некоторой очень небольшой концентрации, скажем при разведении 1:10 000, он вызывает похожую сыпь на щеках. Врач лечит "подобное подобным" - прописывает пациенту это лекарство. Не всегда эти лекарства, конечно, яды, но, безусловно, они не могут усваиваться организмом без видимых последствий, иначе они не могли бы быть гомеопатическими средствами. Они ДОЛЖНЫ вызывать симптомы, аналогичные наблюдающимся у пациента, но возникшими в результате его болезненного состояния.

И, представьте, помогает! Казалось бы, весьма условная философская идея заложена в основу метода, но ведь работает! Правда, не всегда, не во всех случаях.

В чем же причина успехов и неудач гомеопатии? Суть метода гомеопатического лечения можно понять, лишь представляя себе работу организма в целом, когда вслед за основоположниками современных представлений о его работе мы поймем, что болезни организма в большинстве случаев возникают и развиваются в результате разрегулирования работы эндокринных систем, охваченных большим количеством обратных связей. В результате этой разрегулировки некоторые из эндокринных желез могут вырабатывать "неправильные", «недостроенные» гормоны и ферменты, в той или иной мере похожие на настоящие, но которые по тем или иным причинам не могут быть использованы в организме для строительства новых клеток или для регуляции обмена веществ в них. А в некоторых случаях они могут и прямо нарушить этот обмен, приводя к серьезным изменениям в организме.

Поскольку эти вещества являются для организма "своими" (о системе "свой-чужой" см. ниже), то никакого противодействия им со стороны собственной иммунной системы организма не возникает.

Если в организм вводятся извне какие-то вещества (либо белковые, либо даже низкомолекулярные соединения), и не просто вводятся, а тем или иным путем попадают в кровь, то иммунная система реагирует на их появление выбрасыванием в кровь так называемых антител, способных поглощать (а в дальнейшем и нейтрализовать разными средствами) чужеродные яды, белки и пр., разлагая их на относительно безвредные для организма части, которые затем выводятся из него (главным образом – с мочой).

Антитела обладают способностью нейтрализовывать только то вещество, против которого они были созданы организмом. На другое вещество будет выработано другое антитело, другой "стереохимической" природы. Как говорят биологи, антитела обладают «специфическим сродством» к веществу, которое стимулировало их образование в иммунной системе организма. Что это за "сродство", какова его природа, до последнего времени не было известно. Считается, что оно обусловлено главным образом формой молекулы антитела, каким-то образом подходящего к инородной молекуле "как ключ к замку", соединяющегося с ней. В результате этого образуется другая молекула, либо безвредная для организма, либо являющаяся мишенью для других, "боевых" клеток иммунной системы, в конце концов разлагающих эту молекулу на меньшие и безвредные.

Похоже, что действие гомеопатических лекарств основано на том, что упомянутая "специфичность" антител не слишком уж узкая. Возможно, что антитело, сформированное в ответ на введение определенного вещества, будет обладать таким же сродством и к другому, близкому к нему по некоторым параметрам веществу. Если это вещество и есть тот самый "неправильный" гормон или фермент, или другой продукт жизнедеятельности клеток, он также будет уничтожен, поглощен антителами. А если этот «неправильный» продукт и был причиной болезни, то и болезнь будет излечена. Гениальной философской догадкой гомеопатии, подтвержденной, повидимому, колоссальным опытом, была та, что подобные по некоторым характеристикам вещества, вызывают одну и ту же реакцию в организме.

Понятно, однако, что не все вещества, вызывающие одну и ту же внешнюю реакцию, могут вызвать ответ иммунной системы организма в виде антитела, специфичного как к этому веществу (инициатору), так и к неправильному продукту обмена веществ, являющемуся причиной болезни. Специфические свойства антител все-таки достаточно узки, и поэтому далеко не все внешне одинаково действующие на организм вещества могут служить гомеопатическими лекарствами. В некоторых случаях неправильный гормон может настолько сильно отличаться от обычно встречающихся химических веществ, что "не лезет в ворота специфичности" антитела, вызванного к жизни инициатором-гомеопрепаратом. Наконец, многие заболевания возникают и развиваются не только в том или ином месте организма, но и во времени, и бывает достаточно трудно, а иногда и невозможно подобрать нужный инициатор-гормон. Поэтому гомеопатия не всесильна и возможности ее ограничены.

По этому принципу действуют и различного рода мази на нефтяной основе типа дегтевых масел, мази Вишневского, ихтиоловой мази и пр. Широкий спектр органических веществ, продуктов белкового распада, углеводородов, содержащихся в этих мазях, вызывает образование в организме столь же широкого спектра антител; и если хотя бы одно из них совпадает по некоторым стереохимическим характеристикам с вредными веществами, являющимися причиной воспалительного процесса, то мазь оказывает лечебное действие. Теоретически даже не нужно накладывать повязку с мазью на воспаленное место или нарыв, бывает достаточно просто втирать ее в кожу недалеко от воспаленного места.

Точно таким же образом действует и керосин. Описанные случаи излечения с помощью керосина (даже рака) могут вполне быть достоверными. Моя бабушка лечила своих семерых детей в начале века в провинции керосином даже от простуды.

Втирание в кожу собственной мочи, и повязки из мочи на воспаленные участки кожи в целом ряде случаев более эффективны, чем применение мазей на нефтяной основе. Содержащиеся в моче (обязательно собственной и отстоявшейся для того, чтобы распались связи с белком-носителем) остатки "неправильных" веществ, засоряющих кровь, попадая снова в кровяное русло или лимфу, но уже без своего белка-носителя (без сигнала опознавания "свой") вызывает образование именно тех антител, которые "подходят" к остаткам "неправильных" молекул, и с большой вероятностью – к самим "неправильным" молекулам. Даже если «молекулы-цели» циркулируют в крови с белком-носителем, они, тем не менее, очень часто «узнаются» этими новыми антителами, в результате чего запускается аутоиммунный процесс.

В отличие от случая анафилактического шока, описанного в разделе "Лекарство – польза и вред", который также является аутоиммунным процессом, в случае с приемом мочи внутрь и с растиранием мочой анафилактический шок человеку не угрожает, ибо аутоиммунный процесс запускается только против "неправильных" молекул, остаток которых выводится из организма с мочой. Именно этим объясняется эффективное лечебное действие на организм только СОБСТВЕННОЙ мочи, и практическая бесполезность (и даже вред!) применения мочи другого человека. Исключение составляет моча новорожденных, иногда употребляемая для некоторых восстановительных процессов.

Одним из доводов, к которым сторонники официальной медицины прибегают, когда хотят выставить гомеопатов шарлатанами, состоит в том, что в гомеопатии применяются очень малые концентрации лекарственных веществ, в тысячных и миллионных разведениях. Как может лечить такое лекарство, – спрашивают они, – ведь по своему составу это чистая вода или спирт?

Изложенное выше уже является ответом на этот вопрос. В гомеопатии применяемое химическое вещество не воздействует непосредственно на функционирование того или иного органа; для этой цели («лечения» в понимании официальной медицины) действительно нужны гораздо большие количества вещества, чем применяемые гомеопатами. Мизерная "гомеопатическая" доза вещества лишь стимулирует иммунную систему на выработку специфических антител, которые, будучи один раз выработаны иммунной системой на вещество-инициатор, в дальнейшем оказываются подходящими к «неправильным» веществам самого организма. Так как при взаимодействии с этими, уже своими, «неправильными» веществами возникают другие вещества, являющиеся сигналами для иммунной системы о необходимости выработки данных антител, то процесс их выработки поддерживается уже не веществом-инициатором, а самими этими "неправильными" веществами. По-существу запускается аутоиммунный процесс против данного продукта обмена веществ организма.

Отсюда ясно, что гомеопатия помогает только тогда, когда, во-первых, удачно подобран инициатор аутоиммунного процесса, и, во-вторых, только в том случае, когда иммунная система вообще работает нормально.

Серьезным преимуществом гомеопатии, как следует из изложенного, является минимальная опасность так называемых "осложнений", часто имеющих место при приеме химических "лекарственных" соединений (смотри ниже раздел "Лекарство - польза и вред"). Это определяется как крайне малыми дозами самих инициаторов, так и самим принципом гомеопатического лечения – если инициатор подобран неправильно, то желаемый эффект просто будет отсутствовать, но при этом вероятность получения нежелательного эффекта будет сведена к минимуму, и можно попробовать применить другой инициатор или даже группу инициаторов.

Из этого также следует, что обычно область применения гомеопатии ограничивается вялопротекающими заболеваниями хронического типа. Лечить скарлатину гомеопатическими средствами затруднительно, хотя и возможно.

*

В отличие от гомеопатии аллопатия лечит по принципу "противоположное – противоположным". Смысл этого философского определения сводится к тому, что при возникновении, например, той же сыпи определенного вида нужно подобрать химическое вещество, способное привести данный симптом к исчезновению. При этом не имеет значения, местного действия этот препарат или общего, применяется ли он в виде мази, микстуры или инъекции.

*

При всей кажущейся принципиальной разнице, между этими методами есть кое-что общее. Оба эти метода были результатом проб и ошибок, лекарства подбирались в значительной мере вслепую, с помощью интуиции, иногда просто поразительной. Самое же главное их сходство (и отличие от натуропатии) состоит в том, что они смотрели на симптом как на заболевание, не интересуясь (или не имея возможности выяснить) механизмом, причиной заболевания, сопровождающегося тем или иным симптомом. Поэтому оба эти метода часто лечили не заболевания, а симптомы, "загоняя болезнь внутрь", если понимать под этим выражением то, что, скажем, в вышеприведенном примере с "неправильным гормоном" сама-то железа, поставлявшая в кровь этот неправильный гормон, могла и не подвергаться воздействию лекарств и антител, а продолжала вместе с этим неправильным гормоном поставлять и другие дефектные продукты в другие органы во все большем количестве, что приводило в конце концов к отсроченному возникновению новых очагов болезни в других частях тела. Что же касается того симптома, против которого были первоначально предприняты "военные действия", то он мог благополучно исчезнуть и больше не появиться, или появиться впоследствии вместе с другими, более серьезными симптомами, на фоне которых было уже «не до него».

С этой точки зрения становится понятным также, почему как при том, так и при другом методе лечения обычно наблюдаются рецидивы заболеваний, особенно если они не микробного, а функционального характера. Часто необходимо более или менее постоянно принимать гомеопатические или аллопатические средства, чтобы поддержать наличие в крови иммунных тел, которые обычно вырабатываются на некоторое время, а не раз и навсегда, за исключением некоторых случаев стойкого иммунитета, главным образом к так называемым "заразным болезням". Многие подобные лекарства люди, однажды заболев, принимают всю жизнь, например при астме, туберкулезе, диабете, болезнях сердца и пр.

С этой же точки зрения гомеопатия выглядит более привлекательной гипотезой, так как ее препараты направлены на активизацию иммунной системы, в то время как аллопатические средства часто (не всегда) направлены на ликвидацию последствий нарушений регуляторных функций организма, и поэтому требуются значительно более высокие концентрации и количества "лекарственных" препаратов. Многие аллопатические вещества (антибиотики) направлены на "поддержание борьбы организма с инфекцией". Это означает, что их действие прямо направлено на подавление и уничтожение действующих в организме микробов и вирусов в тех случаях, когда иммунная система организма с ней не справляется.

Но этот метод имеет и отрицательные стороны. Прежде всего, поскольку антибиотик сам является "чужим" для организма, последний может вступить с ним в борьбу. Нередко результаты этой борьбы выходят на поверхность в виде сыпей и пр., в этих случаях врачи говорят об "аллергии", о "повышенной" или "извращенной" (??) реакции организма на данное вещество. В конечном (благоприятном) счете обычно побеждает антибиотик. Однако, степень иммунной реактивности на наличие в организме болезнетворных бактерий и токсинов остается на прежнем уровне, и в дальнейшем заболевание может повториться, если не принять необходимых мер по общему оздоровлению организма.

Кроме того, после длительного применения антибиотиков возникает более или менее сильный иммунитет к самому антибиотику как к чужеродному телу. В некоторых случаях этот иммунитет может передаваться по наследству, если мать принимала антибиотики или другие вещества во время беременности. Считается, что именно это обуславливает, в частности, необходимость постоянно увеличивать дозы антибиотиков, а в тех случаях, когда это становится уже опасным, приходится временно или навсегда отказываться от старых, разрабатывая и применяя все новые виды антибиотиков, к которым организм еще не выработал стойкого иммунитета. Большим достижением считается поэтому создание интерферона, к которому иммунитет практически не вырабатывается.

ГЛАВА ПЕРВАЯ

ОБЩИЕ ПРИНЦИПЫ РАБОТЫ ОРГАНИЗМА

Нельзя понять, почему естественные методы лечения помогают почти от всех болезней (и почему они вообще помогают), не понимая принципов работы всего организма в целом. Для тех, кому слова вроде "гормон" или "фермент" кажутся слишком уж учеными, не остается ничего другого, как верить на-слово лечащему врачу, кем бы и каким бы он ни был. Однако существует большая категория людей, которые могут преодолеть воспитанное в них предубеждение против натуропатических методов лечения как якобы шарлатанских, если аргументы в пользу этих методов окажутся убедительными. К ним-то и обращена эта книга. Поэтому я старался изложить дело таким образом, чтобы его мог понять всякий, кому не лень немного подумать. Конечно, лучшим аргументом против методов современной медицины является ее неспособность излечить Ваше заболевание, однако обычно когда мы доходим до такого состояния, уже почти нет времени разбираться в существе дела. Поэтому я не сомневаюсь в пользе, которую может принести эта книга людям, которые пока еще чувствуют себя достаточно сносно, чтобы не обращаться к врачам.

Работа желудочно-кишечного тракта

Для поддержания жизни человек должен получать с пищей, по крайней мере, три основных группы веществ, существенно отличающихся по своему составу и значению для организма – жиры, белки и углеводы. При этом жиры и белки могут быть как животного, так и растительного происхождения, и также могут отличаться между собой по составу и структуре. Те, кто не помнит, чем одна группа веществ отличается от другой, всегда легко могут найти сведения о них в Интернете.

Кроме этих веществ необходимо также поступление извне небольшой группы так называемых ВИТАМИНОВ, хотя большинство из них могут синтезироваться самим организмом. Только витамин D не может синтезироваться человеком в любых случаях – для этого совершенно необходим солнечный свет, причем прямо воздействующий на кожу человека, ибо именно в клетках кожи он и образуется. Для обсуждения наших проблем эта группа веществ пока не имеет большого значения, хотя без них организм не может достаточно долгое время находиться в здоровом состоянии.

Ни одно из указанных веществ не может всосаться из желудочно-кишечного тракта (в дальнейшем сокращенно - ЖКТ) в кровь непосредственно – это немедленно бы вызвало защитную реакцию иммунной системы организма, и было бы воспринято этой системой как вторжение чужеродного вещества извне. Поэтому поступившие в организм вещества вначале подвергаются в желудочно-кишечном тракте довольно сложной биохимической обработке, и лишь затем, всосавшись в кровь, циркулируют в ней в сочетании с так называемым "белком-носителем", не позволяющим на первых этапах существования этих веществ в организме атаковать их средствами иммунной защиты.

Для поддержания жизни организму в первую очередь нужны энергия и строительные материалы. Энергию организм получает путем разложения глюкозы на углекислый газ и воду в клетках мышечной ткани. В ходе этой реакции выделяется некоторое количество тепла и механической энергии. Процесс этот происходит практически во всех клетках организма, но с точки зрения превращения химической энергии в механическую, наиболее эффективно он происходит в мышцах.

«Строительные материалы» нужны организму потому, что время жизни отдельных его клеток ограничено, и для их замены на новые (путем деления клеток) требуется поступление извне определенных химических веществ, главным образом относительно простых белковых соединений или осколков белковых молекул (так называемых аминов).

Однако, пища, которую человек находит в природе, имеет обычно более сложный состав, чем это нужно организму. Глюкоза и фруктоза в чистом виде имеются только в составе фруктов и овощей, а также меда. Простые белковые соединения в природе практически отсутствуют, зато в достаточном количестве имеются белки весьма сложной структуры, как растительного, так и животного происхождения. И организм животных и человека умеет разлагать эти сложные белковые соединения на более простые, ему необходимые. Именно это и осуществляется в ЖКТ. Желудок и 12-перстная кишка разлагают на составляющие части белки. Слюна и кишечный тракт разлагают сложные молекулы полисахаридов (крахмалы) на более простые – дисахариды и моносахариды (см. рис.1).

Жидкая пища в желудке, как правило, надолго не задерживается, а попадает через него в 12-перстную кишку. Твердая и полужидкая пища, попадая в желудок, вызывает физическое и химическое раздражение стенок желудка, который несколько минут спустя начинает выделять «желудочный сок». Этот сок имеет кислую реакцию, так как в его составе содержится в значительной концентрации соляная кислота. В желудке проходят обработку главным образом белки. Они разлагаются на составные части (альбумозы и пептоны) специальным химическим веществом, которое выделяет желудок – ферментом ПЕПСИНОМ. Особенностью пепсина является то, что он может эффективно воздействовать на разложение белков только в кислой среде, для чего и необходимо присутствие в желудке соляной кислоты.

Напомним, что слова «фермент» или «энзим» – это другое (биологическое) название КАТАЛИЗАТОРА, то есть вещества, в присутствии которого определенные реакции, обычно текущие очень медленно, значительно ускоряются. Гидролиз белка, то есть разложение его в воде (обычно очень медленное) может быть сильно ускорен катализатором – ферментом ПЕПСИНОМ. Этим и объясняется назначение пепсина больным с расстройствами желудка.

Жиры и углеводы в желудке практически не подвергаются обработке. Некоторое количество жиров расщепляется в желудке ферментом ЛИПАЗОЙ на глицерин и жирные кислоты. Обработка углеводов происходит лишь в небольшой степени под действием слюны. Жиры и углеводы поступают в 12-перстную кишку вместе с небольшим количеством желудочного сока.

А вот общая реакция среды в 12-перстной кишке – щелочная. Попадание туда некоторого количества кислого желудочного сока вызывает рефлекторное «срабатывание» поджелудочной железы (ПЖ), выбрасывающей в 12-перстную кишку целый набор ферментов-катализаторов, необходимых для обработки УГЛЕВОДОВ. Один из них (амилаза) превращает крахмал пищи в дисахариды, затем другой (мальтаза) превращает один из дисахаридов (мальтозу) в моносахарид ГЛЮКОЗУ. В моносахарид превращается также и молочный сахар (лактоза) с помощью фермента лактазы. (Грубо говоря, длинные молекулы полимеров типа крахмала как бы «разрезаются» ферментами на составные, гораздо более простые части – глюкозу и фруктозу). Только после этого образовавшиеся в результате этих реакций моносахариды, и, прежде всего – ГЛЮКОЗА, могут всосаться в кровь через стенки кишечника.

Этот процесс "всасывания" сам по себе достаточно сложен. Для того, чтобы глюкоза прошла через стенку кишечника, то есть через слой ЖИВЫХ клеток, к ее молекуле добавляется кусочек молекулы, содержащий фосфор (с помощью фермента фосфатазы), а после того, как она проходит в кровяное русло, происходит дефосфатация глюкозы, то есть отщепление от ее молекулы ранее присоединенного фосфорного кусочка. Эти подробности нас ни сейчас, ни впоследствии занимать не будут, а приведены лишь затем, чтобы показать, как за внешне простыми терминами "переваривание" и "всасывание" пищи могут скрываться весьма сложные процессы.

Белки и продукты их распада (альбумозы и пептоны) подвергаются дальнейшему расщеплению в 12-перстной кишке до низкомолекулярных пептидов и аминокислот при помощи других ферментов, выделяемых поджелудочной железой – трипсина и эрепсина. Жиры расщепляются на жирные кислоты ЛИПАЗОЙ поджелудочной железы. Действие этого фермента по сравнению с липазой желудка значительно ускоряется под влиянием ЖЕЛЧИ (продукта деятельности печени), в то время как липаза желудка, хотя и выделяется им, но ее действие тут же подавляется соляной кислотой желудочного сока.

Желчь из печени в отсутствие пищи накапливается в желчном пузыре, а поступает в кишечник только в процесе пищеварения. Желчь выполняет разнообразные функции; одна из главных – активация ферментов ПЖ и различных кишечных желез, в частности – липазы.

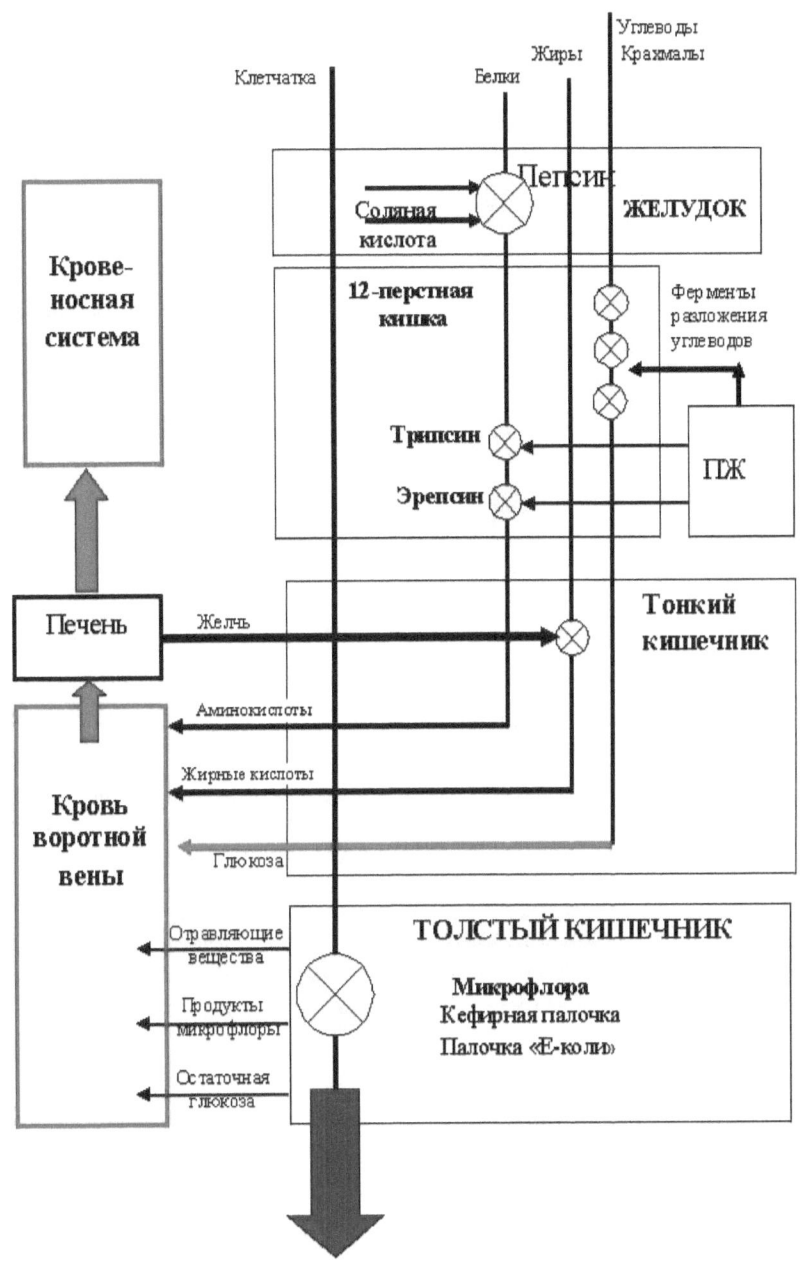

Рис. 1

Кроме того, она способствует эмульгированию жиров, превращению их в очень мелкодисперсные смеси, эмульсии, с целью увеличить поверхность взаимодействия жиров с липазой, что способствует растворению жирных кислот, переходу их в легкорастворимые соединения, в дальнейшем быстро всасываемые стенками кишечника.

Из 12-перстной кишки пища поступает затем в тонкий кишечник, где процессы разложения ее на составные части заканчиваются. В толстый кишечник поступают лишь остатки пищи и растительной клетчатки вместе с непереваренными растительными клетками – вышеуказанные ферменты не могут растворять целлюлозные стенки неповрежденных клеток овощей и фруктов (именно поэтому следует как можно лучше пережевывать пищу, особенно сырые фрукты и овощи!). В толстом кишечнике за дело берутся микробы кишечной флоры. Именно они разлагают растительную клетчатку, заодно освобождая и содержимое растительных клеток, оставшихся непереработанными. На этом процесс пищеварения (извлечения из пищи нужных организму веществ) в основном заканчивается.

Таким образом, попадая в ЖКТ, сложные молекулы жиров, белков и углеводов принятой пищи подвергаются разложению на более простые молекулы, главными из которых для нашего изложения являются ГЛЮКОЗА (продукт переработки углеводов – крахмалов), ЖИРНЫЕ КИСЛОТЫ (продукт переработки жиров), и более или менее сложные аминокислоты (продукт переработки белков). Все эти вещества всасываются через стенки кишечника (стенки желудка при нормальных условиях всасывают лишь воду и алкоголь) и попадают в кровеносную систему (точнее в одну ее часть, в систему так называемой воротной вены – «ворота организма»), по которой все они доставляются непосредственно в печень. Кроме того, в кровь воротной вены частично всасываются и продукты жизнедеятельности кишечной микрофлоры толстой кишки, в том числе и вредные для организма вещества (фенол, индол, скатол и пр.)

Все продукты разложения пищи, всосавшиеся в систему воротной вены, являются для организма чужеродными. Вместе с отравляющими веществами (продуктами жизнедеятельности кишечных микробов) они делают кровь воротной вены ядовитой для организма. Именно поэтому ранения в живот являются одними из наиболее опасных; если при этом повреждается система воротной вены, то происходит попадание продуктов пищеварения в брюшную полость с последующим отравлением организма. Именно по этой же причине при операциях в брюшной полости предварительно делают хорошее очищение ЖКТ.

Дальнейшая обработка этих веществ производится в печени, которая частично их обезвреживает, преобразуя в различные вещества, выделяемые затем с мочой (хотя и бесполезные, но уже и не вредные для организма), а по большей части использует эти продукты для синтеза нужных организму веществ. С током крови, выходящей из печени, эти синтезированные в ней вещества разносятся по всему организму, и используются теми клетками и в тех местах, где это необходимо. Все вещества, вышедшие в кровь из печени, либо полезны, либо безвредны для организма. Это следует хотя бы из того, что они долгое время циркулируют в крови, постепенно, иногда очень медленно, фильтруясь через почки, и попадая в состав мочи. При этом с ними не ведется никакой борьбы со стороны иммунной системы организма, так как после выхода из печени все они находятся в крови в состоянии связи со специальным белком-носителем, опознаваемым иммунной системой организма как "свой".

Мы грубо разобрали здесь механизм переработки пищи в низкомолекулярные соединения, которые должны быть еще усвоены организмом, то есть превращены либо в части живых клеток, либо в энергию движения, либо в тепло, либо во все это вместе. Это усвоение происходит одновременно во всех клетках организма, куда эти вещества попадают с током крови, и управляет этим процессом так называемый ЭНЕРГЕТИЧЕСКИЙ ГОМЕОСТАТ – система автоматического управления жизнеобеспечением организма, поддерживающая процесс жизнедеятельности на некотором определенном уровне его протекания. Но, прежде, чем рассматривать процессы и их регулирование на уровне организма, необходимо хотя бы приблизительно рассмотреть работу клеток отдельных органов, клеток обычно специализированных, выполняющих в организме те или иные специальные функции, отличающиеся от функций других клеток.

Работа отдельных клеток.
Процесс усвоения питательных веществ

Работу клетки можно представить в виде конвейера, на вход которого подаются одни вещества, а на выходе появляются другие. Вещества, подаваемые на "вход", служат обычно питанием (сырьем) для клеточного «конвейера», позволяющим клетке существовать, и осуществлять процесс размножения путем деления. Вещества, появляющиеся на "выходе" этого конвейера, являются для самой клетки ненужными, являются продуктами ее жизнедеятельности, отходами. Но в некоторых случаях они оказываются очень нужными другим клеткам, иногда находящимся на большом удалении. Эти вещества либо используются другими клетками для своей жизнедеятельности, либо выступают в качестве регуляторов происходящих в других клетках процессов, ускоряя или замедляя эти процессы. Простейшая схема, поясняющая сказанное, приведена на рис.2.

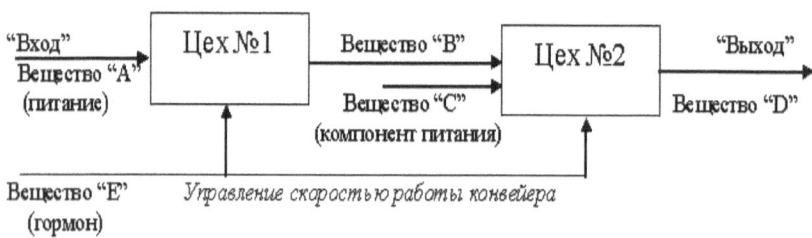

Рис.2

В более сложном случае в клетке можно обнаружить "кольцевой конвейер", работа которого поясняется рисунком 3.

Большинство клеток работает по этим общим принципам. Но это не значит, что в клетке нет более сложных взаимодействий между различными "цехами", в которых производятся те или иные вещества. Процессы, происходящие в живой клетке, намного сложнее, чем здесь описано. Но для ОБЩЕГО понимания процессов, происходящих в многоклеточном организме нам на первых порах достаточно будет именно такого представления.

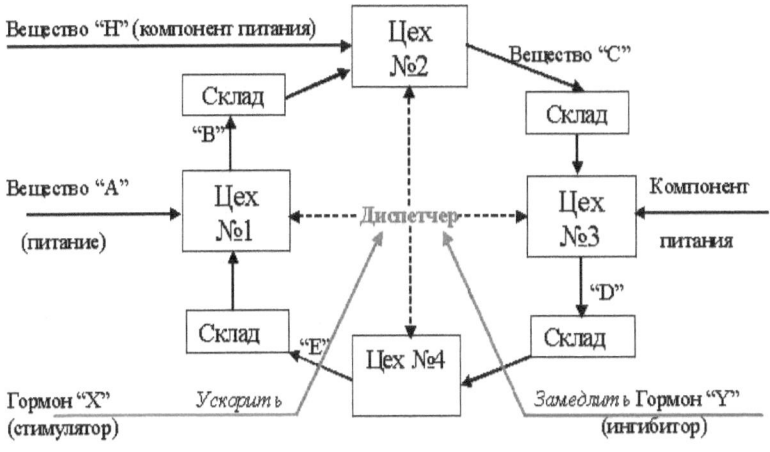

Рис.3

Рассматривая рис.3, следует иметь в виду, что зачастую ускоряющий сигнал воздействует ускоряюще на правую половину кольца, и тормозяще – на левую его половину. Аналогично для сигнала торможения может все обстоять наоборот. Тогда, естественно, на одних "складах" продукция накапливается, а на других запасы промежуточных продуктов могут уменьшаться. Возможны и такие случаи, когда весь кольцевой конвейер ускоряется или, наоборот, весь затормаживается.

Существуют также высокоспециализированные клетки, относимые к системам управления клетками (так называемой ЭНДОКРИННОЙ системы организма). При всем их разнообразии главное отличие от систем функционирования рис.2 и рис.3 состоит в том, что на выходе конвейера эти клетки имеют довольно емкие "склады готовой продукции". В частности, эта продукция может представлять собой специальные вещества, называемые "гормонами", предназначенные для управления процессами, находящимися на значительном удалении от клеток эндокринной системы. Выдача гормонов со склада готовой продукции этих клеток может осуществляться несколькими способами:

-нервным импульсом (как у клеток железы под названием «гипоталамус»);

-специальными "регулирующими гормонами" (как у клеток железы под названием «гипофиз»);

-отдельными химическими веществами (как у клеток поджелудочной железы) и пр.

По существу этот вариант клеточного конвейера (эндокринный) может считаться промежуточным между изображенными на рис.2 и рис.3.

Считается, что в обычных условиях работа "клеточных конвейеров" осуществляется при некотором постоянном ("фоновом") уровне центральных гормонных регуляторов, в частности – **гормона соматотропина (СТГ)**, выделяемого спаренной системой "гипоталамус-гипофиз". При этом работают так называемые "короткие" петли автоматического регулирования. Что это значит?

Энергетический гомеостат – первый контур регулирования

Глюкоза, попадая в кровь, во-первых, стимулирует выход из поджелудочной железы в кровяное русло ИНСУЛИНА – особого вещества, гормона, который выполняет в организме разнообразные функции, главной из которых является облегчение проникновения глюкозы внутрь клетки, обеспечение таким образом питания клетки. Глюкоза, попадая с током крови первоначально в печень, при содействии инсулина образует в клетках печени ГЛИКОГЕН. Пройдя печень, глюкоза попадает в дальнейшем с током крови и межклеточной жидкости (лимфы) к клеткам мышечной и жировой ткани организма. Клетки этих двух типов ткани по большей части находятся во всех частях тела рядом, так что могут обмениваться продуктами своей жизнедеятельности.

Назначение мышечной ткани известно всем. Назначение жировой ткани менее очевидно. Клетки жировой ткани (ЖТ) преобразуют поступающую извне глюкозу в жирные кислоты, одновременно запасая на своих «промежуточных складах» жир на случай больших перерывов в питании. Можно сказать, что клетки мышечной ткани работают по схеме рис.2, в то время как клетки ЖТ работают по схеме рис.3. В клетках мышечной ткани (МТ) при наличии инсулина глюкоза может окисляться (иногда говорят "сгорать"), разлагаясь на углекислый газ и воду с выделением энергии. В клетках ЖТ инсулин способствует превращению глюкозы в жир. <u>Различные функционально специализированные клетки с помощью одного и того же гормона ИНСУЛИНА обеспечивают различные преобразования одного и того же вещества (ГЛЮКОЗЫ) либо в энергию, либо в жир.</u> Конечно, при этом в разных клетках происходят совершенно разные процессы. Но роль инсулина одна и та же – он позволяет глюкозе проникнуть сквозь оболочку клетки, а уже внутри клетки она вступает в различные реакции, смотря по тому, на какой "конвейер" она попала – на "мышечный" или на "жировой".

Чем больше глюкозы поступило из ЖКТ, тем больше инсулина выделила ПЖ, тем больше смеси (глюкоза + инсулин) попадает в кровь, увеличивается отложение гликогена в печени, увеличивается возможность использования глюкозы в мышцах для выполнения механической работы (энергетические потребности), увеличивается продукция жирных кислот в жировой ткани, увеличивается производство <u>ХОЛЕСТЕРИНА</u> в печени из жирных кислот (ЖК), что обеспечивает главные потребности организма в строительном материале для новых клеток.

По мере расходования глюкозы на потребности энергетики и строительства, ее концентрация в крови уменьшается, уровень продукции инсулина из ПЖ снижается, интенсивность вышеописанных процессов уменьшается. Таким образом, уровень инсулина в крови определяется в основном поджелудочной железой, и зависит от уровня глюкозы, а уровень глюкозы определяется введенным ее количеством в организм (плюс) и скоростью ее потребления в организме (минус). В свою очередь скорость этого потребления зависит и от количества инсулина, производимого поджелудочной железой. Налицо процесс регулирования концентрации глюкозы в крови с помощью механизма обратной связи (петля обратной связи).

Так протекают эти процессы в общем случае, в нормальном варианте.

Обратимся теперь к некоторым частностям.

*

Из изложенного следует, что в идеальном случае для функционирования организма требовалось бы непрерывно поддерживать некоторую определенную концентрацию глюкозы в крови малыми непрерывными дозами питания. Так принято, кстати, у йогов. Так иногда рекомендуют поступать при некоторых заболеваниях ПЖ, когда она не может производить большое количество инсулина, для того, чтобы не создавать в крови на длительное время больших концентраций глюкозы, которая из-за недостатка инсулина в этом случае не может быть быстро использована организмом.

Если "запитывать" организм малыми дозами глюкозы, но достаточно часто, то ПЖ работала бы постоянно вблизи некоторой "рабочей точки" (РТ-1), показанной на рис.4(а).

На практике так обычно не получается. Исторически и эволюционно человек приспособился к периодическому потреблению некоторых достаточно больших порций пищи, обладающих запасом глюкозы и аминокислот, необходимых для организма в течение примерно 6-8 часов. Кроме того, поступающие с пищей полисахариды не сразу разлагаются в ЖКТ на моносахариды (глюкозу и фруктозу), а белки для своего преобразования требуют еще большего времени – 3-4 часа.

Поэтому глюкоза поступает в кровь очень неравномерно, и ПЖ работает вблизи «рабочей точки» РТ-1 лишь в среднем, иногда существенно отклоняясь от нее вправо, в область сравнительно больших концентраций глюкозы. При этом в крови будет время от времени находиться достаточно много как глюкозы, так и инсулина.

*

Дальнейший ход событий, приводящих в конце концов к снижению концентрации глюкозы и инсулина в крови до исходного уровня, может быть двояким. Либо человек в период между приемами пищи физически и умственно работает, и тогда глюкоза интенсивно используется мышечной или мозговой тканью, либо, напротив, по тем или иным причинам человек не имеет такой нагрузки, и тогда глюкоза преимущественно используется жировой тканью.

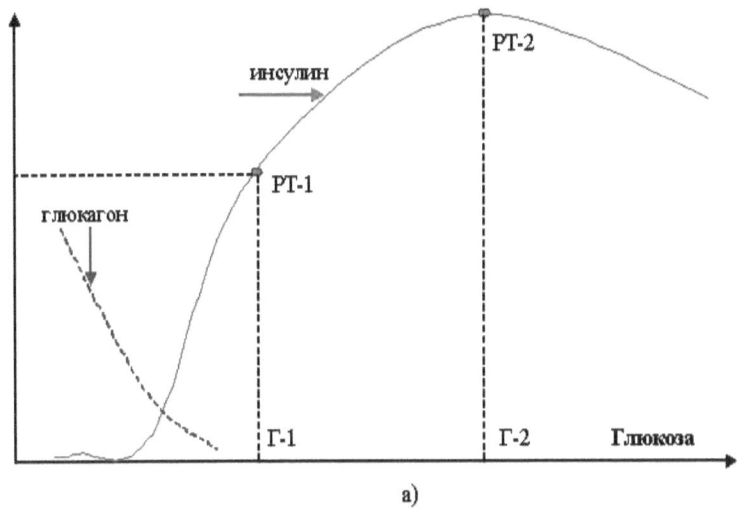

a)

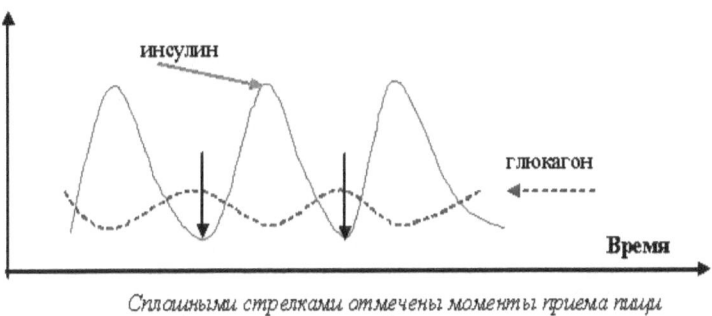

Сплошными стрелками отмечены моменты приема пищи

b)

Рис.4

Следует иметь в виду при этом, что в установившемся режиме в каждый момент времени жизни организма его потребность в строительном материале (жирных кислотах) вполне определенная. Она определяется работой других систем регулирования, и пока нами не рассматривается. Для нас важно сейчас то, что скорость конвейера клеток жировой ткани, производящего жирные кислоты из жира (конвейер "Жир – ЖК"), который в свою очередь производится на конвейере "глюкоза – жир", находящемся в тех же жировых клетках, остается постоянной. Скорость же работы конвейера "глюкоза – жир" определяется концентрациями глюкозы, инсулина, а также гормона **СОМАТОТРОПИНА (СТГ),** и потому избыток жира, если он даже и производится, отправляется на склад, находящийся тут же, в клетках жировой ткани (рис.5). Таким образом может возникать (и возникает) ожирение организма.

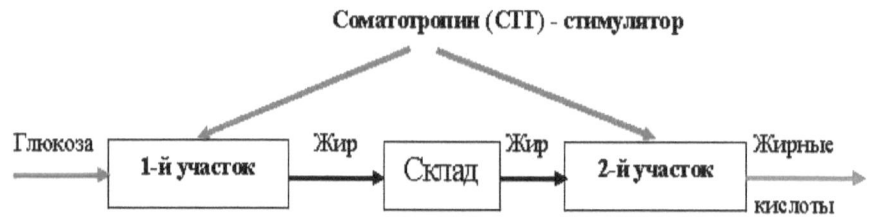

Упрощенная схема работы клетки жировой ткани

Рис.5

Так происходит работа системы в случае, если концентрация глюкозы превышает нормальную. Если же концентрация глюкозы падает ниже определенного уровня, то в действие вступает механизм регулирования, действующий в противоположную сторону, направленный на повышение концентрации глюкозы в крови до некоторого минимально необходимого уровня.

При падении концентрации глюкозы ниже уровня Г-1 (рис.4) ПЖ начинает выделять вещество ГЛЮКАГОН, ранее находившееся на отдельном складе в так называемых «альфа-клетках» поджелудочной железы (ПЖ). Выдача глюкагона при высоком уровне глюкозы в крови была запрещена, блокирована выделяемым инсулином. При отсутствии глюкозы инсулина выделяется мало, и глюкагон свободно выделяется из ПЖ в кровь вместе с инсулином. Глюкагон является "антагонистом" инсулина, то есть обладает действием, противоположным действию инсулина. Он стимулирует разложение гликогена в тканях и печени, и превращает его снова в глюкозу, из которой он ранее был синтезирован. Это – резервная глюкоза, и она может быть использована в мышечной и жировой ткани, да и в других тканях. Благодаря этому организм может обеспечить себе возможность существования в течение сравнительно большого времени (до 120 часов и более !) за счет первичных внутренних резервов гликогена, главные запасы которого находятся в печени (до 1 кг) и в мышцах (около 150 г).

Гликоген – это полисахарид, являющийся основным источником энергии и резервом углеводов в обычном состоянии организма. Но, кроме того, он участвует во многих биохимических реакциях, необходимых для жизни. Поэтому организм не может существовать без гликогена вообще, и в организме существуют процессы постоянного возобновления гликогена из глюкозы (генез гликогена).

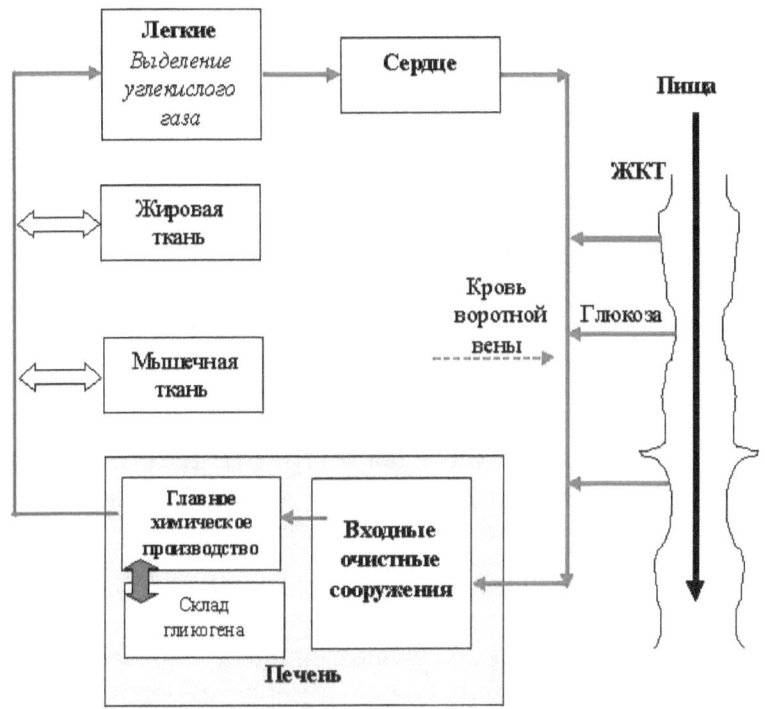

Рис.6

Не следует считать, что ПЖ выделяет либо глюкагон, либо инсулин. Их выделение находится в так называемом "реципрокном" (взаимно-обратном приблизительно сбалансированном) отношении, показанном на рис.4(б). Говоря техническим языком, процессы выделения глюкагона и инсулина находятся в противофазе; когда выход одного уменьшается, выход другого увеличивается. При периодическом потреблении пищи имеют место постоянные колебания концентраций инсулина и глюкагона в некоторых пределах (схема рис.7).

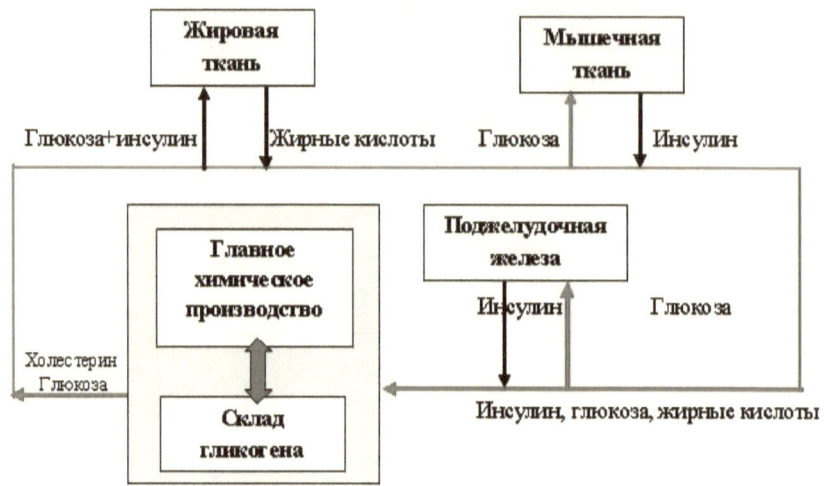

Регулирование работы энергетического гомеостата со стороны центральной эндокринной системы

Высший контур регулирования

В нормальных условиях процесс образования жиров из глюкозы в жировой ткани и процесс образования жирных кислот как продукта деятельности клеток жировой ткани идут примерно с одной скоростью, они взаимно уравновешены. Эти жирные кислоты постоянно используются организмом главным образом для синтеза в печени холестерина – вещества, совершенно необходимого для дальнейшего синтеза белка в клетках организма из аминокислот, и для деления клеток (митоза). ЖК, образующиеся «на выходе конвейера» клеток жировой ткани, поступают в кровь, достигают печени и превращаются печенью в глюкозу, которая может в дальнейшем использоваться в любой клетке организма.

При поступлении в организм извне достаточно большого количества глюкозы процессы жирообразования могут превалировать над процессами образования в ЖТ жирных кислот.

При своем превращении в глюкозу (через жирные кислоты) жиры обеспечивают примерно в 6 раз больше энергии, чем сахар (поэтому, кстати, сало и является таким высокоэнергетическим питанием, если, конечно, нормально работает печень – тот орган, который, собственно, и осуществляет это превращение).

Режим длительного голодания

Если человек голодает, и содержание глюкозы в крови падает ниже определенного уровня, это приводит к повышению активности ГИПОТАЛАМУСА (ГТ) – центрального регулятора эндокринной системы организма. В ГТ возбуждается центр аппетита, в результате чего в мозг поступают соответствующие сигналы, и человек ощущает чувство голода, заставляющее его обратить свое внимание на поиски пищи (см.рис.8).

Одновременно ГТ выделяет в соседнюю с ним эндокринную железу ГИПОФИЗ регулирующий гормон СРГ (соматотропный регулирующий гормон). В ответ на это гипофиз (ГФ) начинает вырабатывать свой гормон СТГ (соматотропный гормон «соматотропин»), который уже поступает в главное кровяное русло и разносится по всему организму. Увеличение его концентрации тормозит усвоение глюкозы мышечной тканью, а в жировой ткани СТГ ускоряет работу конвейера "ЖИР – ЖИРНЫЕ КИСЛОТЫ". Жирные кислоты (ЖК) поступают в кровь и, попадая в печень, превращаются в глюкозу. В результате этого концентрация глюкозы перестает уменьшаться и устанавливается на некотором минимальном уровне, обеспечивающем потребности в ней организма на период времени, необходимый для нахождения организмом следующей порции пищи.

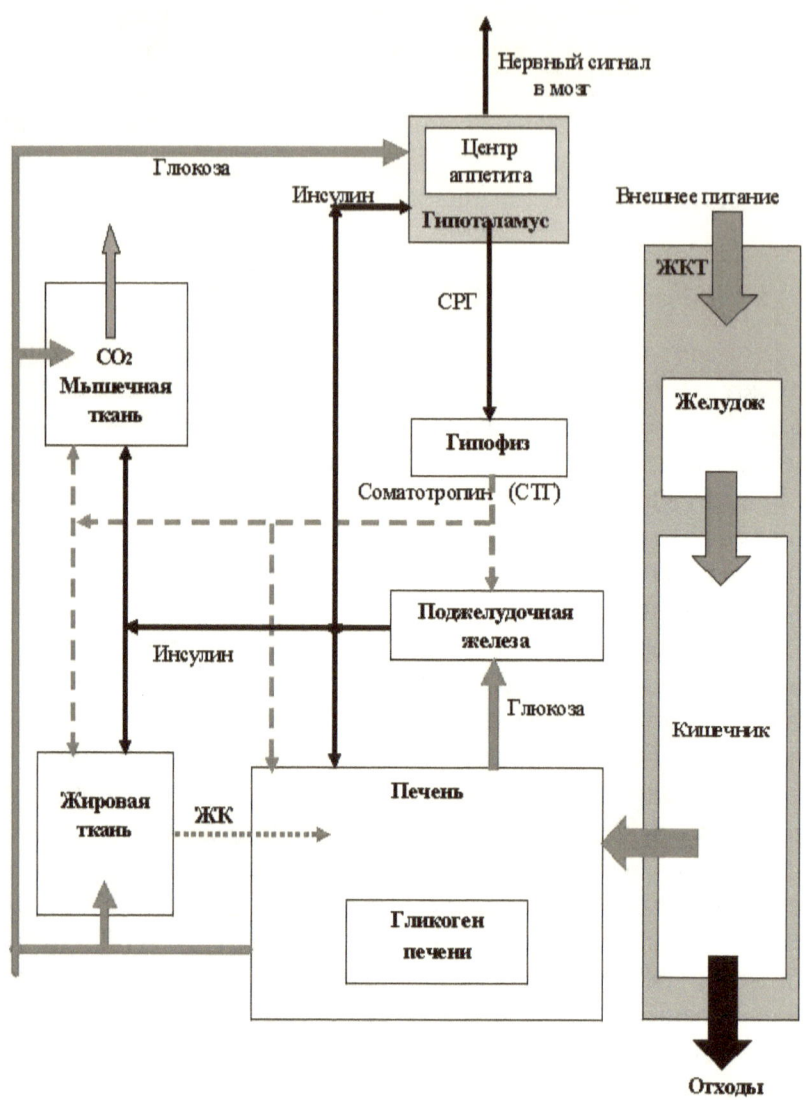

Блок-схема энергетического контура управления

Рис.8

Гипоталамус повышает свою активность до тех пор, пока образование глюкозы из жирных кислот в ЖТ не установится на необходимом уровне. Вначале повышение уровня СТГ включает первый энергетический резерв – выделение запасенной в гликогене печени энергии, вызывая разложение гликогена с выделением глюкозы и последующим ее использованием. В течение первых часов голодания этот процесс является преобладающим, и исчезновение (утилизация) гликогена происходит сравнительно быстро. Однако без гликогена функционирование клеток невозможно, и по мере уменьшения его запасов уровень глюкозы в крови все же снижается. Это приводит к дальнейшему возрастанию возбуждения ГТ-ГФ-системы, к еще большему повышению уровня СТГ в крови и, наконец, к **включению главного энергетического резерва** – процесса образования глюкозы из жира, запасенного в жировой ткани, который теперь, при значительно повышенном уровне СТГ, начинает выделяться из жировой ткани в виде жирных кислот.

Когда в книгах по лечебному голоданию утверждается, что гликоген печени утилизируется в течение нескольких дней, это говорится для упрощения картины. Гликогена в печени содержится чуть больше 1 кг, да и то он не может (и не должен) быть израсходован полностью. А человек в первый же день голодания может похудеть на 1,5 кг. Очевидно, переход на жировое питание начинается почти сразу же после начала голодания, но постепенно процесс извлечения жира из жировых тканей (ЖТ) становится преобладающим над процессом разложения гликогена, сопровождаясь постепенно нарастающим НЕОГЛИКОГЕНЕЗОМ – процессом синтеза гликогена из поступающих в печень жирных кислот, и возникающей из них тут же "вторичной" глюкозы.

Здесь же следует отметить, что процесс неогликогенеза из ЖК не "включается" с помощью СТГ, как иногда пишут; этот процесс существует и в обычном состоянии организма, когда ЖК поступают из желудочно-кишечного тракта, образовавшись там из съеденных жиров, или из ЖК, образовавшихся в самом организме в результате функционирования клеток жировой ткани.

Но в условиях, когда в крови имеется высокий уровень СТГ, процесс неогликогенеза несколько интенсифицируется. Если до этого гликоген преимущественно распадался под действием высокого уровня СТГ, то теперь, при еще более высоком уровне СТГ, в крови начинает появляться большое количество жирных кислот, которых раньше нехватало, так как они из ЖКТ не поступали.

Процесс неогликогенеза (НГГ) имеет исключительно важное значение при использовании голодания как метода лечения. Если по каким-либо причинам процесс НГГ не включается, то организму угрожает быстрая голодная смерть. Наиболее часто встречаются такие случаи при так называемом "неполном" (алиментарном) голодании. Если человек время от времени (скажем, один раз в сутки или один раз в двое суток) все же получает питание ("экономит" еду таким образом), то в момент получения порции пищи концентрация глюкозы в крови резко увеличивается, и гипоталамус затормаживается. Условия для извлечения жира из жировой ткани исчезают, выделяется большое количество инсулина из поджелудочной железы, и глюкоза быстро используется в мышцах. Однако при этом процесс НГГ прекращается, и, если полученного питания недостаточно, чтобы восстановить запасы гликогена печени, растраченные во время голодания (а для этого на самом деле требуется достаточно большое количество еды и времени), то при вновь наступающем длительном отсутствии пищи оставшийся гликоген тканей может исчезнуть раньше, чем начнется эффективный процесс неогликогенеза, на что требуется некоторое время. В результате человек может погибнуть, не успев израсходовать запаса жира в собственном организме, то есть в прямом смысле умрет рядом со складом пищи, находящимся у него внутри.

Особенности работы энергетического гомеостата

а) Поджелудочная железа

Вещество, на которое реагирует поджелудочная железа (ПЖ) как на сигнал, является для ее клеток основным питательным веществом. Это вещество – ГЛЮКОЗА.

В настоящее время нет установившегося мнения о роли глюкозы в работе инсулин-продуцирующих клеток ПЖ – это так называемые клетки Лангерганса. Одни авторы считают, что глюкоза может оказывать только стимулирующее действие на клетки Лангерганса, то есть служит сигналом, по которому эти клетки начинают выделять накопленный ими инсулин. Другие считают, что глюкоза является для этих клеток питательным веществом, как и для других клеток организма. Правильность той или другой точки зрения сейчас для нас не имеет значения.

Главное для нас, что в результате происходящих в клетках Лангерганса (это только один из типов клеток ПЖ) процессов, необходимых для их собственного существования, эти клетки выделяют ИНСУЛИН как продукт своей деятельности. Вообще говоря, сколько глюкозы поступает в клетку, столько пропорционально выделяется и инсулина. Общее количество клеток Лангерганса приблизительно таково, что их продукция покрывает среднюю суточную потребность организма в инсулине, необходимом для усвоения глюкозы другими клетками организма.

Инсулин является _гормоном_, то есть веществом, выделяемым некоторыми клетками организма в кровь с целью использования его (обычно для управления "производственными процессами") в других частях организма. Процесс синтеза инсулина в клетках Лангерганса достаточно сложен, как, кстати сказать, и любой другой процесс в любой другой клетке организма. Целый ряд очень сложных веществ претерпевает целый ряд превращений, прежде чем будет произведен инсулин. Как указывалось ранее, работа клетки очень похожа на работу конвейера, на вход которого подаются различные "комплектующие" вещества, а с выхода выдается в данном случае инсулин. Нет подачи питательных веществ – нет и производства инсулина. Скорость работы этого конвейера определяется не только внутренними, но и внешними факторами, в частности – концентрацией вблизи клетки ГОРМОНА РОСТА (соматотропина, СТГ), приходящего по системе кровотока от гипоталамо-гипофизарной системы (ГТ-ГФ-системы). Чем выше уровень СТГ, тем быстрее вынужден работать конвейер по производству инсулина (конечно, если есть в наличии исходный материал – глюкоза).

Однако, клеточный конвейер клетки Лангерганса имеет и одно весьма существенное отличие от конвейера автозавода. Если на заводе сложный агрегат собирается из более простых деталей, то в клетке Лангерганса вначале из простых деталей (глюкозных остатков и аминокислот) собирается очень сложная и длинная молекула – так называемый пре-про-инсулин. По сложности и молекулярному весу он намного превосходит конечный продукт – инсулин. Процесс сборки препроинсулина осуществляется с помощью молекул ДНК, обеспечивающих наследственную память. И лишь затем, после сборки этой длинной и сложной молекулы препроинсулина, начинается ее разборка, укорачивание, вначале до молекулы проинсулина, а затем уже и до инсулина.

Почему это так, в доступной нам литературе объяснений нет. Можно лишь сказать, что такой механизм синтеза (сначала сложная молекула, а затем более простая) является типичным и для многих других ГОРМОНОВ, хотя на первый взгляд это может показаться и нерациональным. Зачем, спрашивается, синтезировать сложную молекулу, если потом ее все равно придется укорачивать?

Однако "природа глупостей не делает". Одно из возможных объяснений этого состоит в том, что в ходе эволюции вначале существовали только механизмы синтеза проинсулина или даже препроинсулина – веществ, имеющих так называемую «инсулиноподобную активность» (под которой можно понимать способность данного гормона содействовать проникновению глюкозы внутрь клетки), но менее выраженную, менее специфичную. И лишь впоследствии возникли механизмы создания более эффективного собственно ИНСУЛИНА, но возникли они на основе уже имевшегося механизма синтеза препроинсулина, который, естественно, так и остался как исходный процесс.

Кроме того, Природа оставила за собой возможность дальнейшей эволюции, если по каким-то причинам виды, синтезирующие инсулин современными методами, погибнут.

Далее. Причина, из-за которой скорость конвейера, производящего инсулин, увеличивается в присутствии СТГ, хотя сама по себе интересна, но нами пока рассматриваться не будет. Важно отметить лишь то, что ускоряется не скорость сборки большой молекулы (препроинсулины), а скорость ее разборки на составные части – инсулин и проинсулин. Именно это определяет ход кривых "вход – выход" поджелудочной железы, представленных на рис. 9.

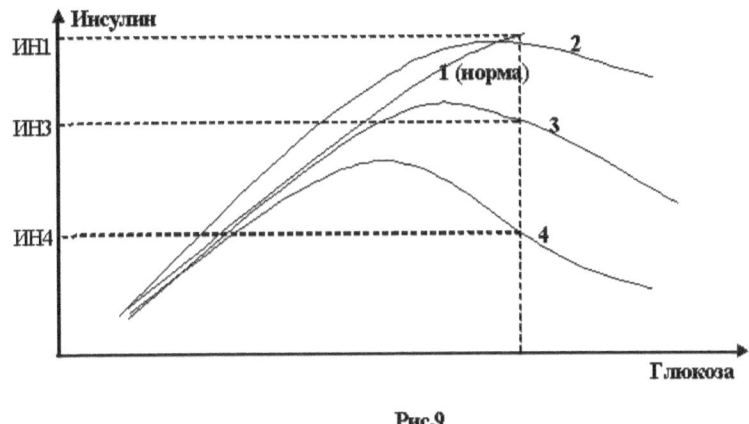

Рис.9

Из изложенного (и графиков рис. 9) следует, что способность клетки Лангерганса продуцировать инсулин не безгранична. Прежде всего, она не может выдать со склада готовой продукции больше инсулина, чем там имеется. Во-первых, сам склад "не резиновый". Биохимические реакции обычно тормозятся конечным продуктом самой реакции, так что если на складе, находящемся (функционально, но не физически) на выходе конвейера ПЖ скапливается слишком много инсулина, то его производство на предыдущих этапах затормаживается. Проинсулин превращается в инсулин перед выходом инсулина в кровь, непосредственно при стимуляции глюкозой. В клетках инсулин в чистом виде храниться не может. Выход инсулина зависит как от количества глюкозы, так и в некоторой степени от уровня СТГ. Глюкоза вызывает выделение инсулина со склада готовой продукции. Но при определенной, достаточно большой концентрации глюкозы, со склада выдается весь инсулин, и выдача его больше не увеличивается, а определяется максимально возможной при данных условиях средней производительностью клеток Лангерганса, чем и определяется нелинейная зависимость кривой 1 на рис.9 от входного количества глюкозы.

При нормальном уровне СТГ зависимость вырабатываемого инсулина от количества введенной глюкозы представлена графиком 1 на рис.9. При повышении по тем или иным причинам уровня СТГ скорость конвейера увеличивается, что приводит вначале к некоторому увеличению выделяемого инсулина (график 2 рис.9). Если, однако, повышать уровень СТГ еще больше, то выход инсулина перестанет увеличиваться. Даже при неограниченном количестве глюкозы на входе конвейера, «пропускной способности» клеток Лангерганса нехватает для того, чтобы всю глюкозу переработать в инсулин. Время, в течение которого происходят обменные процессы в клетках, не может быть сколь угодно малым, механизмы клеток не могут работать быстрее определенного предела, и это касается в первую очередь процесса сборки сверхкрупной молекулы препроинсулина.

Если же уровень СТГ поднять еще выше, то начнутся сбои в работе конвейера. Участок, на котором происходит "разборка" молекулы проинсулина (предшественника инсулина), не будет успевать производить эту разборку, и начнет выдавать на выход вместе с молекулами инсулина неразобранные молекулы проинсулина. Пойдет брак. Выражаясь языком экономистов, план "по валу" будет выполнен, и даже может быть перевыполнен, а вот "по номенклатуре" произойдет перераспределение выходной продукции, и количество инсулина в процентном отношении уменьшится (графики 3 и 4 на рис.9).

Молекула проинсулина обладает всеми свойствами молекулы инсулина, кроме высокой способности инсулина содействовать проникновению глюкозы в мышечную ткань и последующему превращению в ней глюкозы в энергию, воду и углекислый газ. То есть она способна это делать, но в значительно меньшей степени, менее эффективно, чем инсулин. Молекулы проинсулина не могут полностью заменить инсулин в мышечной ткани. И даже при большом количестве глюкозы, введенной в организм и циркулирующей в крови, организм не может эффективно использовать ее в мышцах – для этого нужен именно инсулин. В то же время проинсулин не хуже инсулина может обеспечивать превращение глюкозы в жир в жировой ткани. Поэтому при высоком уровне СТГ большое количество глюкозы, вводимой в организм, будет направлено не на использование ее в мышцах, а на накопление жира.

В нормальных условиях при поступлении в организм глюкозы активность гипоталамо-гипофизарной системы затормаживается, и уровень СТГ снижается. Поступившая в организм глюкоза с током крови попадает к клеткам мышечной и жировой ткани. Усвоение ее этими клетками происходит эффективно только при нормальном или даже пониженном уровне СТГ и достаточно высокой концентрации инсулина. Работу всех систем при повышенном уровне СТГ мы рассмотрим ниже, в разделе, посвященном возникновению болезней.

б) Инсулин

Как указывает Шрайбер [11], представление о роли инсулина с момента его открытия менялось по крайней мере четыре раза, и нет уверенности в том, что эти представления не будут меняться в будущем. Поэтому, не подвергая сомнению существующую точку зрения на роль инсулина как посредника в транспортной цепи "глюкоза – клетка", мы можем позволить себе несколько обобщить представления о механизме транспортировки необходимых для клетки веществ из внешней среды внутрь клетки.

Можно считать очевидным, что с момента образования протоклетки на заре развития жизни на земле, проблема "импорт-экспорт" встала одной из первых. Кроме поддержания в жестких рамках ионного равновесия (pH-среды), необходимого для нормального течения внутриклеточных процессов, нельзя было допустить проникновения в клетку случайных молекул и, напротив, нужно было обеспечить максимально вероятный захват во внеклеточной среде молекул, необходимых для жизнедеятельности клетки. Возможно, существовало много способов это сделать, но эволюция отобрала "инсулиновый механизм" как один из наиболее эффективных и надежных.

Суть этого способа сводится к тому, что молекула инсулина (или ему подобных веществ) может некоторым структурным образом соединяться с молекулой глюкозы (входить в зацепление как сложная шестеренка), и при этом образовывать такую структуру, которая сама единственным образом может "входить в зацепление" с молекулой-рецептором, находящейся в контакте с оболочкой клетки мышечной или жировой ткани. Далее вступают в действие другие механизмы, обеспечивающие транспортировку этого *тройного комплекса* внутрь клетки через ее оболочку (эти механизмы нас сейчас не интересуют).

Так происходит этот процесс у одноклеточных. В организмах многоклеточных, где клетки приобретают определенную специализацию, Природа по каким-то причинам пошла по пути создания специальных клеточных образований, выделяющих инсулин не только для собственного потребления, но и для нужд остальных клеток; в свою очередь с этих остальных была снята забота о выработке в них собственного инсулина в достаточном количестве. Таким специализированным образованием и является поджелудочная железа (ПЖ) – главный производитель инсулина в организме.

По-видимому, очевидно и другое – возникновение «инсулиновой» специализации ПЖ стало возможным только на этапе возникновения кровеносной системы у многоклеточных, когда продукция ПЖ могла быть относительно быстро доставлена во все части организма.

Не исключено, что на этапах, когда центральная эндокринная система еще не осуществляла контроля над всеми системами организма, проинсулин мог использоваться вместо инсулина, и без СТГ. (Это могло иметь место у организмов, которые не затрачивали слишком много усилий (энергии) на передвижение в пространстве, и проинсулина им вполне хватало).

Поэтому при высоком уровне СТГ, когда при наличии глюкозы поджелудочная железа выделяет много проинсулина, этот проинсулин обеспечивает жирооообразование и без прямого участия СТГ. Возможно, однако, что этот процесс был не слишком эффективным, и не обеспечивал быстроты реакций мышц и длительного периода нахождения без пищи, что характерно для высших и хищных животных.

Если же уровень СТГ низкий, то процесс жирообразования обеспечивается инсулином, но только в том случае, если глюкоза не перехватывается мышечной тканью во время усиленной работы мышц.

в) Избыток глюкозы и жиров. Ожирение.

Если искусственно повысить уровень глюкозы значительно выше уровня Г-1 (рис.4б), то система ГТ-ГФ снизит уровень поизводимого ею СТГ. Так бывает, например, в тех случаях, когда человек съест очень много сладкого или жирного (скажем, торт). И хотя в нормальных условиях это привело бы к ускорению утилизации глюкозы как в мышечной, так и в жировой ткани, но при превышении уровня глюкозы величины Г-2 этого не происходит. Уровень инсулина не увеличится, и некоторое время концентрация глюкозы будет оставаться повышенной. Чем меньше работают мышцы, тем относительно медленнее будут использоваться запасы глюкозы, тем дольше ее уровень в крови будет оставаться повышенным. Поскольку скорость конвейера "Жир – Жирные кислоты" в клетках ЖТ со снижением уровня СТГ уменьшилась, а уровень глюкозы на входе этого конвейера велик, то в клетках ЖТ будут накапливаться помежуточные продукты их жизнедеятельности – ЖИРЫ.

Если в организм вводятся сахара и крахмалы в низких концентрациях, примерно в тех, в которых они находятся в овощах и фруктах, и в умеренном количестве, то организм находится преимущественно вблизи рабочей точки РТ-1, и интенсивного накопления жира не происходит. Чем меньше мышцы совершают физической работы, тем меньше требуется глюкозы как для энергетики, так и для строительства.

В случае больших энергетических затрат даже большие дозы глюкозы, вводимые в организм, могут быстро переводиться в энергию мышц. Именно поэтому велосипедисты-спортсмены потребляют на длинных дистанциях велогонок глюкозу, а не другие сахара. Для превращения сахара в глюкозу требуется все-таки некоторое время, а глюкоза всасывается из кишечника в кровь практически сразу же. Точности ради следует сказать, что в случае очень больших физических нагрузок в работу включается еще один контур автоматического регулирования (антистрессовый), обеспечивающий с помощью гормона надпочечников АДРЕНАЛИНА быстрое усвоение глюкозы, как это делает инсулин, а заодно и жирных кислот, чего инсулин делать не может. Но это – совершенно отдельный разговор.

Если же человек потребляет концентрированные сахара и крахмалы даже в небольшом количестве, но в большой концентрации (два-три куска сахара на чашку чая), и при этом мало работает физически, то организм более или менее часто переходит в рабочую точку РТ-2, а при этом как раз и происходит накопление жира по вышеописанному механизму.

Если человек единовременно потребляет много сахара, причем в разных формах, но не тратит при этом умственной или физической энергии, то уровень глюкозы в крови может быть повышен настолько, что даже максимальной продукции инсулина поджелудочной железой будет недостаточно, чтобы быстро перевести эту глюкозу в энергию и жиры. Концентрация глюкозы повышается настолько, что она начинает выводиться из организма с мочой. Точно то же самое происходит и с другими растворенными в крови веществами.

Разобранная выше работа энергетического гомеостата объясняет, в частности, почему не рекомендуется есть сладкое перед обедом. Глюкоза быстро всасывается в кровь и тормозит гипоталамус, точнее центр аппетита в гипоталамусе. При этом плохо не то, что человек получил недостаточное питание (введенной глюкозы хватит ненадолго, в отличие от полисахарида крахмала – хлеба, который при разложении, хотя и в более медленном темпе, даст больше энергии, чем кусочек сахара из-за бóльшей длины своей молекулы), а то, что организм не получил ВСЕХ необходимых ему веществ, которые он получил бы при нормальном питании, так как быстро возникло состояние насыщения. По этой же причине потребление больших количеств хлеба и картофеля создает впечатление сытости и нормального питания, хотя в то же время организму может нехватать нужных веществ, в этих продуктах не содержащихся.

г) Удаление продуктов обмена веществ из организма

Удаление (экскреция) продуктов обмена веществ из организма производится главным образом с мочой. С калом удаляются преимущественно непереработанные остатки введенных в организм питательных веществ, коагулированные и обезвреженные до степени невозможности всасывания их в организм через стенки кишечника. Эти остатки, строго говоря, не являются результатом работы клеток организма, внутриклеточных процессов.

Для того, чтобы лучше понять, что представляет собой моча, нужно знать, что она получается в почках как результат двух основных процессов – процесса фильтрации крови под некоторым небольшим избыточным давлением через слой эпителиальных клеток толщиной всего в одну клетку(!), и процесса обратного всасывания из полученного фильтрата растворенных в нем веществ, главным образом сахара, электролитов (то есть растворенных в воде ионов калия, натрия и др.). Белковые составляющие крови, в том числе эритроциты и лейкоциты, имеющие значительно более крупные размеры, соизмеримые с размером эпителиальных клеток, через них, естественно, пройти не могут, а сахар из прошедшего этот фильтр раствора, обычно полностью всасывается обратно в кровь уже другими клетками почек. Поэтому-то у здорового человека обычно в моче нет ни белка, ни сахара в заметных для анализа концентрациях.

Фильтрация крови в почках происходит весьма медленно. За сутки через почки проходит около 1000 литров (тонна!) крови, а фильтруется через них и выходит в форме мочи всего лишь 1,5-2 литра. Поэтому концентрация азотистых соединений и солей в моче в 500-1000 раз выше, чем в крови, чем и объясняется вкус и запах, отличающийся от вкуса и запаха крови. Однако, в отличие от твердых экскрементов, **в моче практически нет вредных *для данного организма* веществ**, ибо **МОЧА – ЭТО ПРЯМОЙ ФИЛЬТРАТ КРОВИ ДАННОГО ЧЕЛОВЕКА.**

Кровь, за исключением состава воротной вены (входных ворот организма), не может, не должна содержать ядовитых веществ. Ведь она разносит любые вещества по всему организму в считанные минуты. Наиболее вредные из них (аммиак и мочевая кислота) подвергаются непрерывной переработке в печени в мочевину – сравнительно безвредное для организма вещество. Моча содержит не ядовитые вещества, а вещества, которые по тем или иным причинам не могут быть использованы организмом в данное время. Удаление их производится практически пассивным путем; если есть органы или отдельные клетки, которые эти вещества выделяют в процессе своей деятельности и выбрасывают их в кровь, а потребителей этих веществ в нужном количестве не находится, то концентрация их в крови постепенно повышается и фильтрация через почки увеличивается. В результате они оказываются в составе мочи. Так, в частности, происходит с сахаром при сахарном диабете.

В моче содержится также некоторое количество гормонов, поскольку основной обмен гормонами между органами происходит через кровь как магистраль. Естественно, поэтому, что гормоны оказываются в составе мочи. Конечно, те из них, которые представляют собой белки, очень крупные молекулы, через мембраны клеток почек практически не проходят. Но некоторые из них, из-за небольшого молекулярного размера или по другим причинам, могут проходить через почки, в том числе это относится к половым гормонам. Последние присутствуют в моче вовсе не потому, что органы размножения находятся близко к мочевыводящему тракту, а именно потому, что половые органы, как и прочие железы внутренней секреции, выбрасывают свою продукцию в кровь и лимфатическую систему, сообщающуюся с кровяным руслом.

В моче больного человека присутствуют также те вещества, которые по причине болезненного, разрегулированного состояния организма либо не были полностью использованы им (как это должно быть в норме), либо образовались вновь в повышенном количестве, или в форме, в которой они не могли быть использованы даже здоровым организмом. Во всех случаях их концентрация в крови (если они там оказались) повышается, и они начинают выходить из организма с мочой.

Величина мочеотделения определяется концентрацией в крови мочевины. В значительной мере от нее зависит проницаемость мембран почечного эпителиального фильтра. Чем больше образуется мочевины (выходного продукта печени, результата переработки в ней вредных для организма веществ), тем интенсивнее происходит фильтрация крови через почки.

При некоторых заболеваниях либо мочевина не образуется в достаточном количестве, либо клетки почек не реагируют на повышение ее концентрации в крови.

Результатом является пониженное мочеотделение или даже полное его прекращение.

В заключение этого раздела еще раз следует подчеркнуть, что моча, хотя и является "отходами" деятельности организма, тем не менее, не содержит в себе вредных для организма веществ. В худшем случае она содержит вещества, по тем или иным причинам не использованные организмом, но не ядовитые для него. Лишь мочевина является бесполезным для организма веществом, но и она в ряде случаев может быть эффективно использована для лечения больного организма, выполняя свою, пусть не очень большую, но важную роль.

ГЛАВА ВТОРАЯ

ПАТОЛОГИЯ

ПРИЧИНЫ ВОЗНИКНОВЕНИЯ "ВОЗРАСТНЫХ" БОЛЕЗНЕЙ

Неправильная работа энергетического гомеостата

Теперь мы уже знаем достаточно о нормальной физиологии человеческого организма для того, чтобы перейти к обсуждению причин нарушения нормального хода обменных процессов в нем. С позиций новейшей физиологии, представителями которой мы, прежде всего, считаем Г.Селье и В.М.Дильмана, общая причина возникновения всех без исключения болезней (кроме "острозаразных", вопрос о которых мы рассмотрим отдельно) является нарушение в организме взаимной регулировки комплекса обратных связей (ОС). Разрегулировка может быть частичной или общей. В зависимости от степени этой разрегулировки и цепей регулирования, ею затронутых, возникают различные ее проявления ("симптомы"), классифицируемые медицинской наукой как различные болезни.

Оговоримся сразу
ИЗЛАГАЕМОЕ НИЖЕ – ВСЕГО ЛИШЬ ГИПОТЕЗА

С позиций этой гипотезы все так называемые "возрастные" болезни имеют одну и ту же причину. С другой стороны, метод устранения этой причины (как он изложен вслед за авторитетами в этой области), позволяет лечить все болезни, и это проверено на практике. Степень разработанности гипотезы в настоящий момент не позволяет ответить на целый ряд вопросов теории и практики. Поэтому, вообще говоря, эта гипотеза не является ГИПОТЕЗОЙ в строгом смысле этого слова. Но и в современной "официальной" медицине дело обстоит не лучше. Гипотезы (обычно для солидности громко именуемые теориями, хотя правильнее было бы назвать их учениями или просто научными построениями), "объясняя" причины заболеваний, не дают ключей к их эффективному лечению. Здесь и практика не особенно удовлетворительна, и теории как таковой нет.

Однако, к делу. В чем причина общей патологии организма, причина его заболевания? Ведь автоматически действующие комплексы обратных связей должны всегда восстанавливать нормальную работу системы в целом, компенсируя влияние внешних и, тем более, внутренних воздействий, сохраняя таким образом здоровое состояние организма? Почему же возникает разрегулирование системы, и в чем оно заключается?

На этот вопрос представители различных школ и направлений современной медицины дают различные, иногда прямо противоположные ответы. Одно их перечисление заняло бы не один абзац. Общим же для всех них является то, что они называют самые различные причины, которые в действительности могут иметь место, но при этом не объясняют ПОЧЕМУ столь зарегулированный внутренний комплекс обратных связей (ОС) не в состоянии самостоятельно справиться с этими внешними или внутренними причинами.

Единственной гипотезой, объясняющей это, является гипотеза Селье-Дильмана. Суть ее состоит в следующем.

Рассмотрим снова систему "гипоталамус - поджелудочная железа" (ГТ-ПЖ) с блоками МТ (мышечная ткань) и ПЖ (жировая ткань). Эта система изображена на рис.10 (рис.9 здесь повторен для удобства читателя).

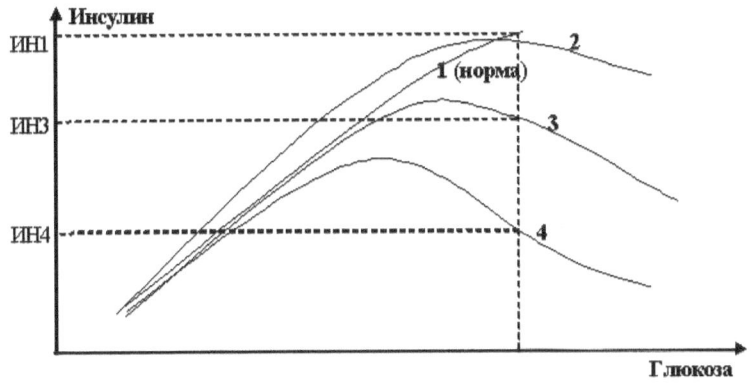

Рис.9

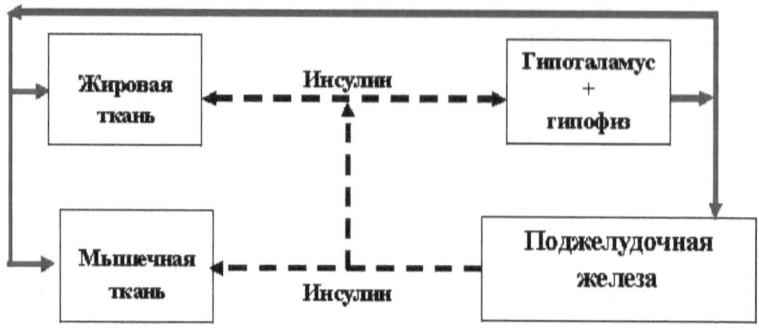

Рис.10

В НОРМЕ поступление в организм глюкозы в результате приема пищи имеет следствием увеличение выхода инсулина из ПЖ. Инсулин обеспечивает эффективное усвоение глюкозы в клетках мышечной и жировой ткани. Повышение уровня глюкозы и инсулина в крови тормозит систему ГТ-ГФ и уменьшает выход в кровь соматотропина (гормона СТГ), что ведет к дополнительному улучшению усвоения глюкозы тканями. Одновременно из-за снижения уровня СТГ уменьшается выработка жирных кислот в ЖТ, и выход их в кровь снижается до минимума, необходимого для обеспечения синтеза печенью холестерина, который используется для последующего белкового синтеза в организме.

По мере усвоения глюкозы тканями ее концентрация снижается, снижается также и концентрация инсулина, и через 5-6 часов после поступления глюкозы концентрация СТГ возрастает до исходного уровня, как это показано на рис.11.

Центр аппетита, находящийся в системе ГТ-ГФ, растормаживается, выдает в нервную систему сигналы, возникают небольшие спазмы мышц желудка, человек ощущает потребность в новом приеме пищи. После приема пищи процесс повторяется. Этот режим работы Дильман называет нормальным ритмическим режимом энергетического гомеостата (хотя ритмичность его работы определяется только ритмичностью приема пищи).

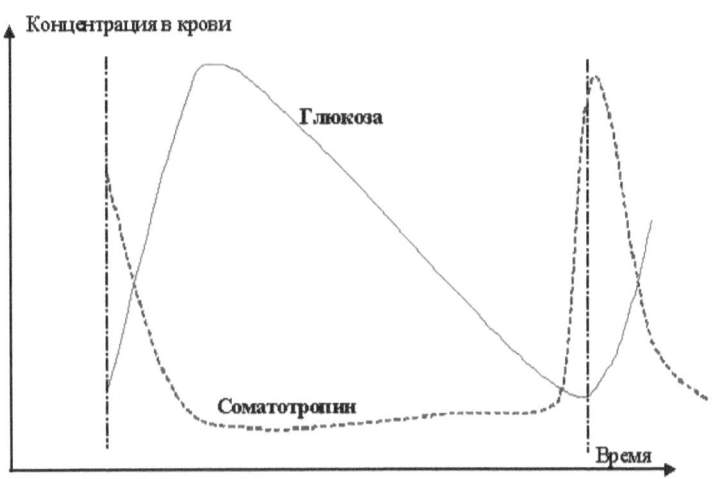

Рис.11

Согласно гипотезе В.М.Дильмана (а эта гипотеза охватывает весь комплекс эндокринных систем организма, а не только систему энергетического гомеостата) в течение жизни организма активность ГТ-ГФ-системы все время стремится к возрастанию. По мнению Дильмана это связано в первую очередь с необходимостью роста организма. Этот рост стимулируется повышением концентрации соматотропного гормона (СТГ) выделяемого ГТ-ГФ-системой. Рост организма также происходит в соответствии с принципом обратной связи) – увеличение активности ГТ-ГФ-системы и повышение выхода СТГ приводит к росту всех органов организма, в результате чего увеличивается общая концентрация в крови других гормонов, продуцируемых этими органами (в частности, эстрогенов), которые влияют на ГТ-ГФ-систему тормозящим образом.

Такие системы на языке теории автоматического регулирования называются астатическими. Повышение управляющего воздействия от гипоталамуса на некоторую величину "А" (СТГ) приводит в конце концов к тормозящему воздействию на ГТ со стороны остальных клеток организма, так что величина "А" падает снова ПОЧТИ до нуля. Однако очень небольшой прирост величины "А" (СТГ) остается, и именно он вызывает некоторое увеличение размеров организма.

Для того, чтобы происходил дальнейший рост организма, очевидно необходимо, чтобы ГТ еще больше увеличил свою активность. Дильман считает, что увеличение активности гипоталамуса, возможно, запрограммировано генетически, и по этой причине вначале осуществляется рост организма, но затем та же самая программа приводит организм к гибели. (Дильман. «Почему наступает смерть?» [9])

Физиологически же, по Дильману, непрерывное повышение активности гипоталамуса происходит КОНКРЕТНО из-за **снижения чувствительности ГТ к торможению со стороны глюкозы** (и/или инсулина) или, что одно и то же, из-за повышения порога торможения гипоталамуса со стороны глюкозы. Физиологическая или биохимическая причина повышения этого порога в настоящее время неизвестна. Если и когда она будет открыта, немедленно откроется возможность к неограниченному продлению человеческой жизни (или к опровержению гипотезы Дильмана, если этого не произойдет).

В возрасте 20-25 лет рост организма человека практически заканчивается. По-видимому (если придерживаться гипотезы Дильмана), торможение со стороны эстрогенов становится столь эффективным, что уровень СТГ временно стабилизируется. Однако Дильман утверждает, что порог торможения ГТ *по неизвестным причинам* продолжает увеличиваться. Если это так, то дальнейший ход событий может быть кое-как объяснен.

Вернемся к схеме, изображенной на рис.10, и к характеристикам работы ПЖ, изображенным на рис.9. На рисунке изображены кривые производства инсулина поджелудочной железой при различных концентрациях гормона СТГ, поступающего от гипоталамуса. При «растормаживании» ГТ он начинает производить больше гормона СТГ.

Предположим, что порог торможения ГТ несколько увеличился (уменьшилась чувствительность к глюкозе), ГТ несколько растормозился и возрос уровень СТГ. Режим работы поджелудочной железы изменяется, поскольку он зависит от уровня СТГ. Теперь ПЖ вместо нормальной характеристики "1" будет иметь характеристику "3" или даже "4" (рис.9). Это означает, что стандартная доза глюкозы, ранее (по характеристике 1) повышавшая выход инсулина до величины ИН1, теперь сможет повысить его выход только до уровня ИН3 или даже ИН4. Если принять, что ГТ тормозится не самой глюкозой, а инсулином (у Дильмана в разных книгах считается по-разному), то столь невысокий прирост инсулина не сможет существенно затормозить ГТ-ГФ-систему, и уровень СТГ почти не изменится.

В результате этого петля регулирования ГТ-ПЖ начинает работать в другом режиме.

Во-первых, теперь уже нехватает инсулина для эффективного поглощения глюкозы в мышцах. Внешний результат – повышенная усталость и утомляемость; внутренний результат – уменьшение темпа использования глюкозы из плазмы крови, **создание условий для использования глюкозы клетками преимущественно жировой ткани.**

Во-вторых, в выходной продукции ПЖ появляется проинсулин (за счет снижения выхода инсулина). Поскольку проинсулин для жировой ткани является эквивалентом инсулина, а в мышечной ткани заменить инсулин не может, распределение поглощения глюкозы между ЖТ и МТ опять-таки сдвигается в пользу ЖТ.

Таким образом, **процесс накопления жира стимулируется, а процесс усвоения глюкозы мышечной тканью замедляется** со всеми его последствиями.

Как уже было сказано, жировая ткань не является лишь местом хранения запасов жира, ("жировым депо", как ее иногда называют). Она выполняет в основном другую функцию – производит жирные кислоты из глюкозы. Это процесс, абсолютно необходимый для синтеза холестерина в печени, а холестерин необходим всем клеткам организма для их деления и роста. В конвейере производства жирных кислот из глюкозы жир является промежуточным продуктом, производимым на одном из участков этого конвейера, скорость движения которого зависит от внешнего по отношению к жировой клетке регулятора – от уровня СТГ. Чем выше этот уровень, тем быстрее движется конвейер, тем больше вырабатывается из глюкозы жирных кислот, тем больше их поступает в кровь, если, конечно, количества глюкозы, поступающего извне с пищей, достаточно для обеспечения потребности в ней конвейера "глюкоза - жирные кислоты" (для удобства ниже повторен рис. 5).

Упрощенная схема работы клетки жировой ткани

Рис.5

Чем больше ЖК поступит в кровь, тем больше произведет печень холестерина и вторичной глюкозы. Последнее обстоятельство способствует поддержанию в крови повышенного уровня глюкозы по принципу положительной обратной связи. Коэффициент обратной связи все-таки остается меньше единицы, поэтому процесс поддержания концентрации глюкозы в крови остается апериодическим, затухающим, концентрация глюкозы через некоторое время после приема пищи все-таки начинает снижаться, а не нарастает непрерывно **(как это бывает в случаях диабета).**

Во взрослом состоянии организма повышенное производство жирных кислот приводит к повышению производства печенью холестерина в количествах, превышающих потребности в нем уже не растущего организма. Этот невостребованный холестерин продолжает циркулировать в крови. По причине своего белкового состава он не может выводиться с мочой, и, в конце концов, откладывается на стенках кровеносных сосудов в виде "холестериновых бляшек", сужая просвет сосудов и **приводя к повышению артериального давления крови.**

В результате дальнейшего развития событий в этом направлении, по мере непрерывного повышения концентрации СТГ создаются предпосылки для возникновения сахарного диабета и атеросклероза с возрастающей гипертонией.

Повышение гипоталамической активности, приводящее к увеличению в крови концентрации гормона роста СТГ, ведет к тому, что системы, чувствительные к СТГ (а это бОльшая часть всех клеток организма) начинают работать в условиях, отличных от нормальных. По-видимому, концентрация выше определенной величины любого, даже самого нужного клетке или железе вещества, ингибирует, подавляет ее деятельность, или изменяет ее настолько, что вещества, производимые ею (и потребляемые другими клетками организма), могут изменить свою химическую структуру, и стать для потребителей этих веществ бесполезными или даже вредными. Эта точка зрения обоснована Дильманом, называющим такое состояние железы "перевозбужденным". Из этого Дильман делает заключение, что такая болезнь как рак, является результатом описанной разрегулировки автоматических систем управления организма, и **все виды рака имеют одну и ту же функциональную природу или причину**. Вопрос лишь в том, какой именно орган в данном конкретном случае пострадает от разрегулировки в первую очередь – будет ли это рак желудка, печени или горла. Эта же точка зрения объясняет упоминаемые Армстронгом типовые случаи, когда оперированный с максимальной чистотой рак одного органа превращался затем в рак другого органа.

Следует отметить, что представители других направлений в онкологии "объясняют" подобные случаи вирусной природой рака, или выносом в кровь при операциях "раковых" клеток с их последующим внедрением в другие органы. И эти объяснения считаются правдоподобными, несмотря на то, что уже давно установлено, что в организме любого человека во всякое время имеются "неправильные", раковые клетки, с которыми иммунная система организма успешно борется, не давая им размножаться и образовывать скопления, опухоли.

Злокачественная (неуправляемо растущая вредоносная) опухоль возникает при двух условиях: а) когда налицо имеется "неправильный" гормон, регулирующий отличный от нормального обменный процесс в этих клетках, и б) когда извне поступает достаточное количество питательных веществ, необходимых для ускоренного роста этих клеток.

Особенностью злокачественной опухоли является переход ее клеток на режим работы с аутогенными гормонами, то есть с гормонами, обычно поступающими извне, и являющимися внешними регуляторами, но в случае злокачественной опухоли продуцируемыми в самой раковой клетке. Для роста клетки в этом случае не требуются внешние ростовые факторы и внешнее управление – все необходимое для своей работы и размножения клетка производит сама. В этом смысле обычно и говорят о том, что раковые клетки работают как бы по самому «древнейшему» циклу, характерному для одноклеточных организмов, как будто они принадлежат самим себе, а не находятся в составе многоклеточного организма, и не подчиняются «законам общежития» со всеми необходимыми регулировками "сверху".

Если бы удалось быстро уничтожать "неправильные" гормоны и одновременно существенно ограничить приток питательных веществ, раковые клетки через некоторое время должны были бы погибнуть, не дав потомства, не поделившись. Наличия одного из этих условий недостаточно, так как даже при ограничении внешнего питания раковые клетки могут (и будут) "перехватывать" его у нормальных. Поэтому метод лечебного голодания сам по себе часто не дает результата при лечении рака, требуется его комбинация с другими методами, в частности с методами уринотерапии.

Причины снижения чувствительности гипоталамуса к торможению
(Этот раздел при первом чтении можно пропустить без вреда для понимания остального)

В настоящем параграфе сделана попытка объяснить поведение петли регулирования "гипоталамус – поджелудочная железа" (ГТ-ПЖ) во времени, то есть понять причину повышения порога гипоталамуса к торможению, и объяснить, почему в предраковых состояниях, в сильно разрегулированной системе имеет место "инверсная" (обратная) реакция уровня СТГ на введение глюкозы ("растормаживание гипоталамуса"). *На этот вопрос нет ответа в трудах Дильмана, поэтому автор взял на себя риск развития его гипотезы в данном направлении.*

*

Пусть имеется какой-то регулятор, тормозящий гипоталамус при воздействии на организм глюкозы, работающий так, как это было описано выше вслед за Дильманом. Тогда характеристика этого регулятора должна иметь вид, изображенный на рис. 12.

Но ведь именно так и ведет себя ПЖ при производстве инсулина в зависимости от уровня СТГ. Согласно развитым выше представлениям о внутриклеточных конвейерах точно так же должна вести себя и любая другая железа или клетка при повышении концентрации СТГ – гормона, воздействующего на скорость работы клеточного конвейера. Поэтому, вообще говоря, сейчас для нас не так уж и важно, тормозится ли ГТ глюкозой, инсулином или еще чем-либо. Важно пока, что эти тормозные характеристики зависят от параметра, который изменяется в каких-то пределах.

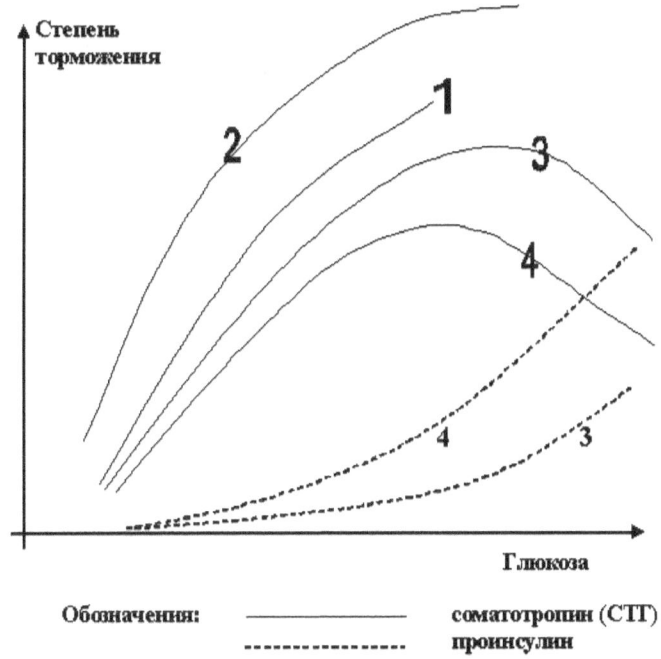

1 - до 25 лет
2 - до 40 лет
3 - между 40-50 лет
4 - далее

Рис.12а

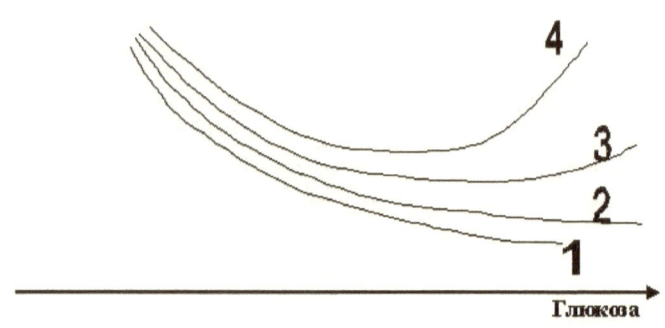

Рис.12б

Отсюда уже можно перейти к структурной схеме торможения гипоталамуса, приведенной на рис. 13.

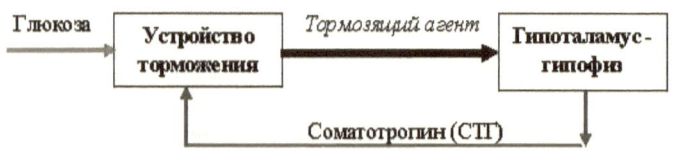

Рис.13

Рис.14

Тормозящим агентом может быть какое угодно вещество, в том числе и любой, даже не открытый еще, медиатор. Но по так называемому принципу "бритвы Оккама" незачем привлекать дополнительные предположения, если на роль тормозящего агента вполне годится инсулин, а на роль блока торможения – сама поджелудочная железа (см. рис.14).

Предположение о роли инсулина как тормозящего агента может быть подтверждено, если будет показано, что проинсулин и, тем более, препроинсулин, не являются для гипоталамуса тормозными факторами.

Если все это верно, то логичным является предположение о снижении чувствительности гипоталамуса к торможению, если возрастает уровень СТГ и, более того, становится понятным, почему СТГ может даже возрастать (график 3) при попытках тормозить гипоталамус введением в кровь глюкозы. Графики и таблицы Дильмана свидетельствуют о наличии этого эффекта, но в тексте книги Дильмана этот эффект не объясняется, а лишь констатируется.

Далее, в определенных случаях возможны, вероятно, **"лавинообразные" процессы**, когда введенная глюкоза вызывает снижение выхода инсулина и повышение уровня СТГ, что, в свою очередь, приводит к снижению уровня инсулина и так далее по нарастающей.

Предположение о такой функциональной схеме и зависимости не требует предположения о снижении чувствительности гипоталамуса к торможению из-за изменения числа рецепторов к инсулину в гипоталамусе. Оно базируется на "неправильной" работе поджелудочной железы в условиях повышения уровня СТГ со стороны самой ГТ-ГФ-системы.

Следует отметить, что само функционирование ПЖ, при котором вместо инсулина выдается проинсулин, также относится к разряду предположений, высказанных Дильманом, и пока еще официальной наукой в достаточной степени не признано.

Остается ответить на вопрос: почему же после 25-30 лет организм начинает уходить с кривой 1 на кривую 2 (рис.9)? Почему возрастает средний уровень СТГ?

Неправильное или повышенное потребление крахмалов, периодически "загоняя" систему авторегулирования в рабочую точку РТ-2 (рис.4а), приводит к первоначальному избыточному накоплению жира в жировой ткани. При малоподвижном образе жизни высокий уровень глюкозы, инсулина и низкий уровень СТГ (гипоталамус пока еще эффективно тормозится) ведут к дальнейшему накоплению жира. Эти три фактора одновременно действуют в одну сторону. Если организм достаточно часто переходит в область насыщения на рис.4а, то

ПЖ выделяет в среднем большое количество проинсулина, еще более усиливающего накопление жира, так как при этом гипоталамус растормаживается и, поэтому, еще более увеличивает выход проинсулина из ПЖ, уменьшает выход инсулина, и способствует эффективной деятельности жировой ткани. Налицо положительная обратная связь.

Если мы переели сахаров и крахмала, то мы попадаем в область РТ-3 (рис.4а). Выход инсулина из ПЖ будет меньше по сравнению с необходимым, уровень проинсулина из ПЖ будет также относительно большим, гипоталамус будет несколько расторможен, уровень СТГ – увеличен, и все это вместе взятое будет способствовать преимущественному накоплению жира в жировой ткани.

Таким образом, СТГ вместо того, чтобы идти по графику "а" (рис.15), идет по графику "б". Ясно, что СРЕДНЯЯ величина СТГ во втором случае будет выше.

Не исключено, что в крайних случаях, когда уровень СТГ очень высок, скорость уменьшения запасов жира в ЖТ может превышать скорость их накопления, человек худеет, а после приема пищи кривая зависимости концентрации глюкозы в крови может выглядеть как показано на рис. 15в пунктиром. Это – явная патология.

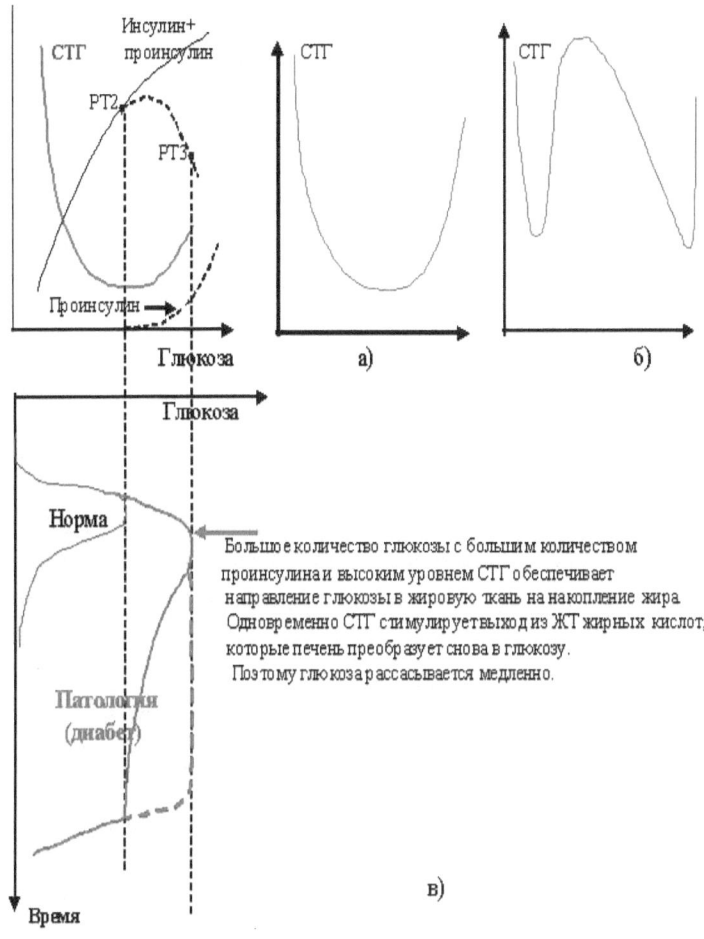

Рис.15

Каким-то ответом на этот вопрос может быть уже упоминавшаяся положительная обратная связь через жирные кислоты и неогликогенез печени (производство печенью глюкозы из жирных кислот). При достаточно большом ожирении может возникнуть положение, при котором импульс внешней глюкозы загоняет систему в рабочую точку РТ-3. При высоком уровне СТГ из жировой ткани извлекаются жирные кислоты и превращаются в печени в глюкозу, что поддерживает почти постоянный уровень глюкозы в крови, и этот уровень достаточно высок. При этом одновременно должен наблюдаться хороший аппетит, так как гипоталамус расторможен.

Вполне возможно, что когда говорят о возрастном повышении СТГ, то имеют в виду его среднее значение, выраженное при ожирении достаточно заметно, хотя, как считает Дильман, некоторая "ритмичность", то есть колебания СТГ от еды до еды, все же остается.

Неправильная работа энергетического гомеостата (контура регулирования) может быть хорошо проиллюстрирована на примере САХАРНОГО диабета.

Сахарный диабет

В тех случаях, когда при получении организмом глюкозы **поджелудочная железа не выделяет достаточного количества инсулина** вследствие недостатков в работе клеток самой поджелудочной железы (при невысоком уровне СТГ), может возникнуть сахарный диабет. Если пища (а стало быть, и глюкоза) поступают в организм регулярно, то в промежутках между приемами пищи глюкоза не успевает использоваться, усвоиться клетками мышечной и жировой тканей, из-за невысокой концентрации инсулина. Концентрация глюкозы в крови повышается, и часть ее начинает выводиться из организма с мочой, что и позволяет диагностировать заболевание в начальной стадии, и легко контролировать его ход впоследствии. Из-за ухудшения снабжения клеток инсулином и, как следствие, плохого проникновения глюкозы в клетки, возникает слабость мышц. Одновременно происходит общее похудание организма, так как из-за недостатка инсулина страдает и ПРОИЗВОДСТВО жира в жировой ткани (рис.5).

В результате этого ЖТ снижает производство жирных кислот, что приводит к снижению производства в печени холестерина, и к снижению темпов «капитального строительства» всех клеток организма.

Такую форму диабета обычно называют "диабетом молодых" (хотя это может наблюдаться в любом возрасте, и название, как часто бывает в медицине, не соотвествует сути явления). Его причина в недостаточной производительности клеток поджелудочной железы. Эту форму диабета также называют

«инсулин-зависимым» диабетом,

что, конечно, более правильно.

Существует и другая форма сахарного диабета, называемая

«инсулин-независимым» диабетом

или "диабетом тучных", и именно она сейчас будет нас интересовать. При этой форме заболевания недостаток инсулина и, как следствие, повышение в крови и моче уровня глюкозы, связано не с недостаточностью работы инсулин-производящих клеток ПЖ, а с **повышением уровня СТГ.**

Это повышение имеет причиной **снижение чувствительности гипоталамуса к торможению** со стороны инсулина. При этом совершенно по-иному происходят все явления, сопутствующие болезни, чем при недопроизводстве инсулина в ПЖ, когда и инсулина немного, и уровень СТГ невысокий.

Работа поджелудочной железы происходит в этом случае **в условиях относительно высокого уровня СТГ.**

При этом, как указывалось ранее, даже если общая продукция инсулиновой массы ПЖ остается прежней и соответствующей полученному извне количеству глюкозы, общая скорость конвейера "глюкоза – инсулин" в поджелудочной железе под влиянием повышенного уровня СТГ увеличивается, в результате чего часть продукции с выхода этого конвейера выйдет недоделанной, в виде полуфабриката – **ПРОИНСУЛИНА**. В результате, как описано выше, баланс усвоения глюкозы сдвигается в сторону ее накопления в жировой ткани в виде жира (инсулина недостаточно, чтобы быстро усвоить всю полученную глюкозу, а проинсулин, произведенный вместо инсулина, способствует накоплению жира). Поскольку снижение чувствительности гипоталамуса к торможению развивается с возрастом, обычно говорят о возрастном ожирении.

Поджелудочная железа в этом случае работает с максимальной скоростью из-за высокого уровня СТГ, но производит настоящего инсулина меньше, чем в норме. Поэтому центр аппетита испытывает меньшее подавляющее действие со стороны инсулина, и аппетит попрежнему сохраняется, заставляя человека вводить в организм еще большее количество питания, а, следовательно, и глюкозы. Поскольку проинсулин не заменяет инсулин в мышечной ткани, средний темп усвоения глюкозы снижается, уровень ее в крови повышается, что и приводит в определенный момент к появлению глюкозы в моче, и дает основание классифицировать эту болезнь как «сахарный диабет».

Так как уровень СТГ высок, то скорость конвейера "глюкоза – жирные кислоты" в жировой ткани повышается. А так как усвоение глюкозы на входе этого конвейера продолжает оставаться высоким из-за действия проинсулина, то и уровень продукции жирных кислот также возрастает. Содержание ЖК в крови увеличивается, печень вырабатывает больше холестерина, чем это необходимо, он откладывается на стенках кровеносных сосудов, приводя к повышению артериального давления, которое обычно регистрируется у больных диабетом. Как следствие, очень часто случаются инфаркты и инсульты, связанные с закупоркой важнейших сосудов внезапно оторвавшимися "холестериновыми" комками.

ТЕПЕРЬ ВНИМАНИЕ!

Что бы ни говорили вам «специалисты» по голоданию! При диагнозе вашего заболевания «ДИАБЕТ» ни в коем случае **не пытайтесь самостоятельно** проводить даже небольшие по времени курсы голодания!!! Вы можете внезапно попасть в кетоацидотическую кому, и не успеть из нее выбраться!

ДАЖЕ НЕ ПРОБУЙТЕ!!!

Диабет можно излечить голоданием. Но только в специальных клиниках и под постоянным врачебным контролем!

Кетоацидоз

Недостаток инсулина в ответ на введение глюкозы вызывает целую цепь последствий, приводящих к так называемому кетоацидозу, и, как следствие, во многих случаях к кетоацидотической коме – явлению потери сознания с возможной гибелью организма.

Кетоацидоз получил свое название потому, что при этом наблюдаются одновременно два явления – резкое увеличение в крови кетонов (продуктов деятельности печени) и сдвиг реакции крови в кислую сторону.

"Предположение о токсическом влиянии на мозг кетоновых тел не подтвердилось специальными исследованиями, поскольку не обнаружено связи между глубиной расстройства сознания и концентрацией кетоновых тел в крови. Точно так же не существует прямой зависимости психоневрологических нарушений от выраженности метаболического ацидоза. Принято считать (!), что решающее значение в патогенезе комы имеет дегидратация и гиперосмолярность нейронов головного мозга" [Ю.Николаев].

Как видим, название явления не имеет ничего общего с существом дела. Правильнее было бы называть его "дегидратационной комой". Поэтому мы не будем здесь рассматривать причин и механизмов повышения содержания в крови и моче кетоновых тел, хотя **следует знать, что сильный запах ацетона изо рта больного свидетельствует о кетоацидозе, и предупреждает о возможности развития коматозного состояния.** Укажем лишь причину дегидратации.

Во-первых, повышение содержания сахара в крови (гипергликемия) значительно повышает осмолярность плазмы крови. В силу этого внутриклеточная жидкость начинает перемещаться в сосудистое русло, что приводит в итоге к тяжелой клеточной дегидратации, и к уменьшению внутриклеточного содержания электролитов, прежде всего ионов калия.

Во-вторых, гипергликемия, как только превышается почечный порог проницаемости для глюкозы, обусловливает глюкозурию (выход глюкозы с мочой), а последняя, в свою очередь, вызывает так называемый осмотический диурез, когда из-за высокой осмолярности первичной мочи (мочи, прошедшей клубочки-фильтры и попадающей затем в почечные канальцы, всасывающие обратно глюкозу и электролиты) почечные канальцы перестают повторно всасывать воду и выделяющиеся с нею электролиты.

"Эти нарушения, продолжающиеся часами и сутками, в конце концов вызывают тяжелую общую дегидратацию со значительным сгущением крови, увеличением ее вязкости и нарушение микроциркуляции с развитием тяжелой тканевой гипоксии (кислородное голодание)." [Там же].

Гипоксия как раз и есть последнее звено в цепи явлений, приводящих к ацидотической коме.

Вышеизложенное имеет для нас значение потому, что в условиях лечебного голодания также наблюдается сдвиг реакции крови в кислую сторону с легкими признаками кетоацидоза. Однако в условиях лечебного голодания даже при не вполне нормальной работе поджелудочной железы организм не доходит до ацидотической комы, а имеет место лишь ацидотический криз, сопровождающийся недомоганием, слабостью или головокружением. У Ю.С. Николаева говорится лишь, что "у человека ацидоз всегда носит компенсированный характер". Существо же дела состоит в том, что при лечебном голодании глюкоза извне не поступает, а синтезируется в печени из приходящих к ней жирных кислот (аланин, глицин, серин, глицерин и пр.) – происходит так называемый процесс неогликогенеза. Этот процесс находится под контролем гипоталамуса. Но даже при недостаточной работе поджелудочной железы количества вырабатываемого ею инсулина обычно хватает для того, чтобы **вся вновь синтезированная** глюкоза была усвоена организмом. Именно поэтому, в частности, при лечебном голодании рекомендуется **как можно больше быть на свежем воздухе для предупреждения тканевой гипоксии, и пить больше воды** для ликвидации слишком большого сдвига реакции крови в кислую сторону, причем воды, содержащей растворенные основания (щелочные воды).

В конце своей книги [10] Дильман рассматривает возможности снижения уровня гормона роста путем химиотерапии, называя целый ряд препаратов, действующих на активность гипоталамуса. Здесь нужно отметить, что при всей правдоподобности гипотезы Дильмана, он сам все же предлагает прежние традиционные методы ортодоксальной медицины – раз растет активность гипоталамуса, значит нужно ее затормозить. Но ведь он сам исходит из того, что дело не в самой активности гипоталамуса, а в том, что эта активность не тормозится эндогормонами. **Нужно снижать порог торможения ГТ-ГФ-системы**, то есть повышать ее чувствительность к торможению. Тогда восстановятся сами собой все петли регулирования всего комплекса обратных связей организма. Но как это сделать, остается пока неясным.

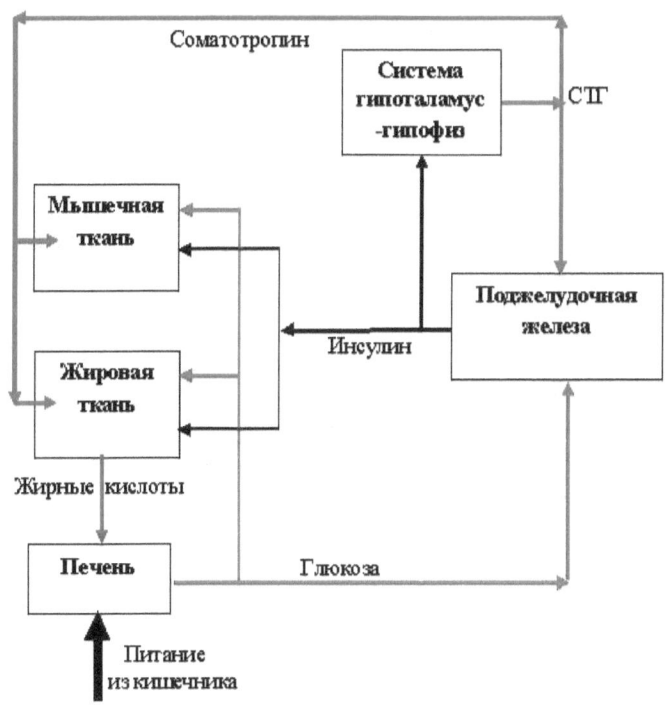

Полная схема энергетического гомеостата
в предположении, что тормозящим агентом гипоталамуса
является инсулин

Рис.16

С другой стороны, практика лечебного голодания и уринотерапии показывает возможность излечения от большинства болезней, причем в самой их запущенной, безнадежной стадии (ибо к этим методам больные обращаются в последнюю очередь, в "аварийной ситуации"). Одновременно эти методы приводят в известной степени к "омолаживанию" организма, к восстановлению его регулировок. Нам остается сделать теперь только один шаг. Учитывая, что лечебное голодание во многих случаях излечивает диабет и атеросклероз, попытаться понять, основываясь на развитых выше представлениях, **ПОЧЕМУ ЭТО ПРОИСХОДИТ?**

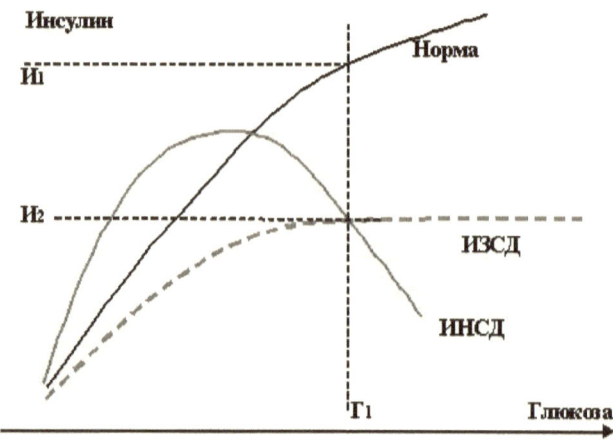

ИЗСД – Инсулин-зависимый сахарный диабет
ИНСД – Инсулин-независимый сахарный диабет

Рис.17

ГЛАВА ТРЕТЬЯ

Причины возникновения болезней с точки зрения натуропатии

Натуропатия считает, что большинство болезней возникает вследствие неправильного или неполноценного питания, а также вследствие употребления в пищу непригодных для этого веществ. Основываясь на упомянутых ранее опытах известных врачей, принимавших внутрь и даже вводивших в кровь болезнетворные микробы, а также основываясь на том, что при анализе слизистой оболочки горла любого человека можно найти там любых микробов, натуропатия приходит к выводу, что при нормально работающей иммунной системе организм проявляет значительную сопротивляемость к большинству бактерий и вирусов. В противном случае человечество вообще не могло бы существовать.

Натуропатия считает, что микробы не являются первопричиной болезней, а лишь получают возможность размножаться в организме с ослабленной иммунной системой, и уже в дальнейшем, вторично, отравляют его выделяемыми ядами и продуктами самораспада, нагружая иммунную систему дополнительно. Конечно, такие средства, как антибиотики, помогают защитным иммунным системам организма справиться с "инфекцией", но они не восстанавливают работу иммунных систем, если те ослаблены.

Натуропатия считает, что болезни типа "простуды" являются для организма лишь способом избавиться от накопившихся в нем продуктов обмена веществ или ядов, которые не удалось вывести из него обычным способом, через мочу. Не все вещества, всасываемые в кровь из пищи (особенно в наше время, когда широко используются различного рода "пищевые добавки"), организму удается с помощью печени и почек перевести в растворимые соединения и вывести с мочой. Некоторые из этих веществ остаются в организме, оседают в тончайших капиллярах, суставах, в липидных пузырьках жировой ткани. "Переохлаждение" организма или простуда есть лишь "спусковой крючок" для начала процесса освобождения организма от этих веществ. Ведь всем хорошо известно, что просто "промочив ноги" нельзя снизить температуру организма даже на одну десятую градуса, а естественные снижения температуры тела могут достигать даже одного градуса. Кроме того, очень распространенные случаи простуды в самую жаркую погоду, казалось бы, должны полностью опровергнуть доводы в пользу "теории переохлаждения". Ан-нет, идея "простудных заболеваний" до сих пор широко распространена, и отнюдь не благодаря предрассудкам населения, которые можно было бы полностью развеять одной статьей в журнале "Здоровье", а стараниями самой современной фармакологической промышленности.

"Лечение" "простуды" с помощью "лекарств" аллопатической медицины натуропатия считает недопустимым, так как при этом, во-первых, затормаживается процесс самоочищения организма, а, во-вторых, сами "лекарства" во многих случаях являются для организма чужеродными веществами, и вызывают дополнительную нагрузку на иммунную систему. Не случайно бытует пословица: "Если насморк не лечить, то он проходит за семь дней, а если лечить, то всего за неделю". Во многих случаях применение химических препаратов при простудах дает так называемые "осложнения", особенно если это препараты биохимические (антибиотики или сульфамиды). Природа возникновения осложнений при их применении до сих пор не вполне ясна, но, тем не менее, это – медицинский факт.

Натуропатия не исключает применения в экстренных случаях хирургического вмешательства, прививок (например, от бешенства и столбняка), а также других достижений современной медицины – в тех случаях, когда ход развития заболевания позволяет активизировать иммунную систему раньше, чем произойдет массовое размножение микроорганизмов и быстрое подавление иммунной системы. Однако натуропатия предостерегает от чрезмерного восторга и возложения необоснованных надежд на стандартную медицинскую помощь, считая, что в подавляющем большинстве случаев человек в состоянии самостоятельно справиться с заболеваниями и даже предупредить их.

В то же время практика лечебного голодания и уринотерапии показывает возможность излечения от очень многих болезней, причем в их самой запущенной, безнадежной стадии, ибо к этим методам больные обращаются обычно в последнюю очередь, когда официальная медицина не может ничего сделать. Одновременно эти методы приводят к восстановлению способности организма к автоматическому регулированию протекающих в нем процессов.

Нам остается сделать еще один шаг – предположить, что лечебное голодание и уринотерапия каким-то образом восстанавливают чувствительность гипоталамо-гипофизарной системы к регулированию со стороны остальных гормонов эндокринной системы организма.

Пока это всего лишь предположение. И даже если будет показано, что это действительно происходит, нужно будет еще установить, каким именно образом. Только тогда будет доказана продуктивность данной гипотезы, и окажется возможной ее дальнейшая разработка.

Теперь, понимая общий характер основных процессов обмена веществ, можно обратиться к натуропатической литературе, и попытаться прояснить некоторые положения натуропатии, не получившие достаточного физиологического объяснения.

«ТЕОРИЯ СЛИЗЕОБРАЗОВАНИЯ»

По мнению многих натуропатов, часть обычно употребляемых в пищу продуктов образует в организме так называемую "слизь"; при большом ее количестве возникают различные заболевания. Организм стремится избавиться от этой «слизи». Она может выходить из организма в виде гноя, насморка, с мочой, калом, потом и пр. Однако эти авторы не объясняют, что это за "слизь" такая, почему те или иные продукты приводят к образованию слизи, и как можно достоверно в этом убедиться. В результате возникает необъяснимая ситуация, когда люди употребляют в пищу одни и те же продукты, и при этом одни заболевают, а другие – нет. От непонимания этого один шаг до утверждения, что "бог здоровьишка не дал".

Натуропаты "объясняют" это различным количеством "жизненной силы", "жизненной энергии", но для современного образованного человека это – пустой термин, ничего по сути дела не объясняющий, так как эту «жизненную силу» нельзя пока никоим образом измерить или даже обнаружить. В результате возникает естественное недоверие к рекомендациям натуропатии, поскольку они базируются на недоказуемых положениях, представляющихся современному человеку «средневековыми».

Физиологическое же объяснение слизеобразования прямо вытекает из описанного выше хода обменных процессов в организме.

*

Если потребность организма в "строительных материалах" (в первую очередь в низкомолекулярных белковых соединениях) точно соответствует уровню их производства в «химическом объединении "Печень"», то вся продукция этого огромного «завода», поступающая в кровеносные транспортные системы, немедленно используется потребителями – клетками всего организма. Поэтому содержание этих веществ в крови находится на минимально необходимом уровне, через почки они не фильтруются, и с мочой из организма не выводятся. Обычно это имеет место только у младенцев, питающихся молоком матери, поэтому моча у них исключительно прозрачная и чистая.

Если с пищей вводятся вещества, которые не могут быть эффективно усвоены или, хотя и могут быть усвоены, но их количество по тем или иным причинам превышает реальные возможности их усвоения, то они остаются циркулировать в крови достаточно длительное время. При этом они частично задерживаются в микрокапиллярах, а частично разлагаются (многократно проходя через печень), на низкомолекулярные соединения, способные уже фильтроваться через почки, и затем уже выводятся с мочой в особой <u>коллоидной</u> форме, связанные с коллоидными соединениями. В этом случае свежая моча не вполне прозрачна, мутновата, а после длительного стояния в закрытой посуде коллоидные микроскопические нити и частицы слипаются в видимые невооруженным глазом "облачка", или образуют слизистый осадок на дне посуды. Его-то и называют "слизью".

По количеству этого осадка можно судить о степени насыщенности плазмы крови излишними для организма в данных условиях веществами. Таким именно путем установлено, что при чисто овощной, фруктовой и некоторых видах зерновой диеты количество образующейся слизи минимально, а при мясной, жирной, преимущественно молочной (не для всех) пище – максимально. Вот эти последние виды продуктов натуропатия и называет "слизеобразующими".

Не все продукты, определяемые натуропатами как "слизеобразующие" безусловно являются таковыми. Хорошо известно, что не все люди одинаково воспринимают и усваивают молоко. Фермент лактаза, расщепляющий молочные продукты, достаточно эффективно производится организмом только в детском возрасте, и лишь 10% взрослых людей обладают этим свойством; они-то и усваивают молоко эффективно. Для других людей молоко может быть источником не вполне усваиваемых продуктов, и потому довольно длительно циркулирующих в крови лишних для организма веществ, которые и образуют в конце концов "слизь" мочи – коллоидные белковые соединения.

Из всего этого ясно, что каждый человек относительно просто может проверить ценность и пригодность для своего организма различных продуктов всего лишь путем наблюдения за составом собственной мочи безо всяких химических анализов.

Образование слизи в моче (и крови) может быть вызвано не только внешним, но и внутренним питанием, как это бывает при лечебном голодании. Жирные кислоты, выделяемые из жировой ткани при действии на нее повышенных концентраций СТГ, могут производиться в количествах, существенно превышающих потребности организма в стройматериалах и энергетике, причем эта потребность с течением времени при голодании уменьшается, так как часть клеток, в том числе раковых, погибает, не произведя потомства, в результате недостаточности питания. Поэтому в моче голодающего постоянно может присутствовать слизь; ее количество в конце периода голодания может уменьшиться только потому, что вообще уменьшились запасы жира в жировой ткани. Это, между прочим, может служить предварительным сигналом о близости срока окончания голодания. Белый налет на языке вызывается той же причиной, что и слизь в моче – сосуды языка очень близко расположены у его поверхности и плазма крови частично фильтруется через них.

Сразу же после окончания голодания ситуация кардинально меняется. После первых же порций глюкозы извне с пищей уровень СТГ резко уменьшается, и извлечение жиров из жировой ткани прекращается. Поскольку восстановительные процессы в организме активизируются, потребность в стройматериалах резко возрастает, кровь быстро освобождается от излишков присутствующих в ней белковых веществ, которые используются для строительства (в первую очередь – холестерин), их даже нехватает ("бум после спада"). Раз очищается кровь, то очищается и ее фильтрат – моча, очищается и язык. Все это происходит в течение 2-3 суток после окончания голодания.

ЗНАЧЕНИЕ МИНЕРАЛЬНЫХ СОЛЕЙ В ПИТАНИИ. "ЖИВЫЕ" И "МЕРТВЫЕ" ЭЛЕМЕНТЫ

Эти термины, широко распространенные в натуропатической литературе, могут встретить сопротивление со стороны современного читателя, подобно термину "жизненная сила". Тем не менее, с физиологической точки зрения они вполне объяснимы и осмысленны.

Минералами в широком смысле слова называются сложные (часто комплексные) химические соединения. К ним иногда относят (оправданно или нет) также органические молекулы очень сложной структуры, в состав которых входят почти все элементы таблицы Менделеева. Неизвестным для многих людей является то, что живые организмы животных, хотя и нуждаются в этих элементах, иногда в очень малых количествах, но могут усвоить их (то есть ввести в процесс внутриклеточного обмена) только в том случае, если эти элементы входят в состав ОРГАНИЧЕСКИХ молекул, да и то не всяких. Этим животные отличаются от растений, которые умеют использовать неорганические вещества (и главным образом так и делают, за исключением растений-хищников).

Человек и животные не могут использовать неорганические вещества для питания. Поэтому при полноценном питании человеку не нужна обычно поваренная соль, и действительно, в тропиках ее практически не употребляют. Соль не усваивается непосредственно организмом, ни натрий, ни хлор, ее составляющие, не могут быть включены в обменные процессы непосредственно. **Необходимость ее использования в северных широтах объясняется ее ролью в регулировании осмотического давления крови В УСЛОВИЯХ ПОТРЕБЛЕНИЯ ПРОДУКТОВ, СОДЕРЖАЩИХ ВЫСОКУЮ КОНЦЕНТРАЦИЮ КРАХМАЛОВ.**

Поэтому, когда натуропаты говорят о необходимости минерального питания, они, конечно, имеют в виду ОРГАНИЧЕСКИЕ вещества, молекулы, в состав которых входят отдельные химические элементы (натрий, калий, медь, железо и др.) Но немногие сегодня это понимают, и отвергают эти утверждения «с порога».

Нагрев овощей и фруктов выше 40-50°C приводит к разложению или преобразованию большей части органических веществ в направлении уменьшения содержания в них органических молекул, относительно легко усваиваемых организмом. **Чем выше температура тепловой обработки, и чем больше ее время, тем меньше таких молекул остается в пище.** Исключение составляют природные крахмалы картофеля и зерновых, которые малоусвояемы в сыром виде, но становятся более усвояемы после термообработки.

Из изложенного следует, что идеология так называемого "сыроедения", то есть преимущественного употребления в пищу **сырых, необработанных продуктов** имеет полное право на существование. Отсюда следует также, что жарить продукты, особенно на сливочном масле, гораздо более вредно, чем варить, так как при жарке развивается более высокая температура, да и продукты температурного разложения сливочного масла более вредны, чем растительного. Если рассматривать натуропатические рекомендации по питанию с учетом всех этих обстоятельств, то можно объяснить и принять практически все рецепты питания Шелтона, Бенджамина, Брэгга и Уокера.

С этой же точки зрения не всегда следует доверять часто приводимым в диетологии данным о содержании тех или иных микро- и макроэлементов в отдельных продуктах питания, ибо приводимые там процентные содержания химических веществ еще далеко не отражают питательной ценности этих продуктов. Ведь еще очень важно, в какой именно форме, в составе каких веществ эти элементы содержатся – в составе легкоусвояемых, или в составе совсем не усвояемых продуктов. Для ясности приведем крайне утрированный, но верный пример. Нефть содержит в себе практически всю таблицу Менделеева, и даже вроде бы имеет органическое происхождение, содержит многие органические вещества, но она отнюдь не является продуктом питания для человека! Сложная технология переработки нефти, используемая при приготовлении искусственного белка ("несмеяновская черная икра") только доказывает, что на современном уровне технологии в лучшем случае можно сделать некоторый продукт безвредным (!) для человека, но еще не вполне полезным для него.

ГЛАВА ЧЕТВЕРТАЯ

ЕСТЕСТВЕННЫЕ МЕТОДЫ ЛЕЧЕНИЯ

Физиологические процессы при лечебном голодании

Что происходит в организме человека при голодании – более или менее подробно описано в книге Николаева и Нилова "Голодание ради здоровья"[1]. Однако это описание имеет слишком общий характер. Ниже будет изложена версия, основанная как на описании Ю.С.Николаева, так и на идеях, вытекающих из гипотезы В.М.Дильмана. Равно как и последняя, наша версия в значительной мере гипотетична, но привлекательна тем, что подводит физиологический фундамент под общие соображения в пользу лечебного голодания.

*

Итак, при прекращении поступления в организм пищи концентрация глюкозы в крови начинает уменьшаться. Поэтому гипоталамус несколько растормаживается, в результате чего в крови повышается концентрация гормона роста, соматотропина (СТГ). Повышение уровня СТГ приводит к тому, что уменьшается использование глюкозы в мышечной ткани. Одновременно, естественно, уменьшается и уровень инсулина, продуцируемого поджелудочной железой, как из-за снижения концентрации глюкозы, так и из-за повышения уровня СТГ.

Повышение уровня СТГ приводит к мобилизации жиров из жировой ткани. Кроме того, поджелудочная железа в условиях снижения уровня инсулина и повышения уровня СТГ начинает выделять глюкагон – антагонист инсулина (с обратным по отношению к инсулину действием). Под действием глюкагона начинается распад гликогена в печени, в результате чего организм получает дополнительный источник глюкозы, правда, непрерывно уменьшающийся по мере уменьшения количества оставшегося в печени гликогена.

При почти полном исчерпании резервов гликогена печени концентрация глюкозы в крови падает еще ниже, следствием чего является дальнейшее растормаживание системы ГТ-ГФ и еще большее повышение уровня СТГ в крови. Это происходит примерно на 5-7-й день голодания и приводит к качественному изменению режима работы энергетического гомеостата.

Начинается преимущественное извлечение жира со складов клеток жировой ткани. При достаточно высоком уровне СТГ скорость конвейера "жир – жирные кислоты" в клетках ЖТ ускоряется почти до предела, а достаточного количества глюкозы и инсулина на входе конвейера "глюкоза-жир" в этих же клетках не имеется. В результате начинается преимущественное расходование жира из жировой ткани (по сравнению с его образованием в этих же клетках). Жирные кислоты, попадая с кровью в печень, включаются в ней в процесс неогликогенеза, происходящий при высоком уровне СТГ с достаточно большой скоростью (а, возможно, и при участии глюкагона поджелудочной железы). Начинает осуществляться переход на эндогенное (внутреннее) питание.

Переход организма на питание от жиров жировой ткани сопровождается так называемым <u>ацидотическим кризом.</u> Дело в том, что в начале голодания гликоген превращается в глюкозу в самой печени; при этом концентрация глюкозы в крови медленно падает, но в остальном состав крови существенно не меняется. При переходе же на питание жирами, запасенными в жировой ткани, начинается выход в кровь из нее жирных кислот, которые еще должны дойти с током крови до печени, чтобы подвергнуться там переработке. Это вызывает изменение состава и реакции крови, смещая эту реакцию в кислую сторону, что может в каждом конкретном случае по-разному влиять на самочувствие разных людей. Явления эти относительно кратковременны (от нескольких часов до нескольких суток), но достаточно неприятны для того, чтобы испугаться и прекратить голодание. Облегчить течение ацидотического криза можно с помощью питья "Боржоми" или другой щелочной воды. Это состояние затем проходит и более не повторяется. Так бывает, однако, при полном голодании на воде. При уринотерапии (см.ниже) происходит затормаживание гипоталамуса путем введения с мочой собственных гормонов, несколько повышающих их концентрацию в организме. Вследствие этого возрастание уровня СТГ происходит несколько медленнее, не такими быстрыми темпами, как в первом случае. В результате этого **при голодании на моче и**

воде ацидотический криз может проходить сглаженно, незаметно.

В нормальных условиях центр аппетита в гипоталамической области мозга растормаживается при падении концентрации глюкозы в крови до некоторого уровня. При этом ГТ также растормаживается, и человек начинает испытывать чувство голода. Обычно это ощущение остается заметным до тех пор, пока организм не перешел полностью на внутреннее жировое питание. Как только включается процесс неогликогенеза, уровень глюкозы несколько увеличивается и центр аппетита затормаживается.

Детально этот механизм не исследован, однако сам факт этого затормаживания через 5-6 суток после начала голодания свидетельствует о том, что чувствительность к торможению гипоталамической системы может восстанавливаться. Ведь центр аппетита теперь тормозится при довольно низком содержании глюкозы в крови, при таком низком, что в обычных условиях человек, безусловно, чувствовал бы сильный голод.

В процессе извлечения жиров из жировой ткани, по-видимому, участвуют и жировые отложения в тканях мозга. Хотя в процентном отношении потеря веса мозгом по отношению к другим тканям весьма невелика, все же излишки жира оттуда выводятся, благодаря чему повышается чувствительность мозговых систем (точно установлено, что обостряется обоняние, несколько улучшается зрение) в том числе, возможно, повышается чувствительность ГТ-системы к торможению.

Чувствительность гипофиза (ГФ) также повышается. Гипофиз (по Дильману) является как бы "усилителем мощности" сигналов, поступающих от гипоталамуса, в том числе и по линии гормона роста. Поэтому дальнейшая динамика изменения концентрации СТГ в крови зависит от того, как изменяется во времени чувствительность гипоталамуса к торможению, и чувствительность гипофиза к воздействию на него со стороны гипоталамуса. Торможение ГТ может компенсироваться увеличением чувствительности ГФ, и тогда концентрация СТГ может оставаться на одном уровне. Если же один процесс обгоняет другой, концентрация СТГ может либо медленно уменьшаться, либо медленно увеличиваться.

В любом случае, однако, система ГТ-ГФ затормаживается все больше и больше, и центр аппетита – вместе с нею. Человек больше не испытывает сильного чувства голода. Если процесс торможения гипоталамуса происходит быстрее, чем процесс увеличения чувствительности гипофиза, то уровень СТГ может начать снижаться, что приведет к уменьшению скорости мобилизации жира из ЖТ. Внешне это выражается в уменьшении темпа суточной потери веса примерно с 500 граммов в сутки в первые дни голодания до 200-300 граммов в сутки на 20-й день. Потеря общего веса без риска для жизни может, как считается, составлять более 20%. Но эта цифра сама по себе никак не обоснована. До тех пор, пока запасы жира в организме не исчерпаны, организм может обходиться без внешнего питания. Практически вес человека может упасть до 45-47 кг и ниже, и это не представляет прямой опасности. Существуют достаточно надежные критерии, по которым можно определить, что голодание дальше продолжать нельзя (см. ниже).

К моменту, когда жировые запасы организма почти исчерпаны, достигается максимально возможное качество работы всего комплекса обратных связей организма. Но это вовсе не означает, что организм полностью выздоровел и теперь работает нормально. Это означает только то, что в полуразрушенном организме восстановлены *НОРМАЛЬНЫЕ УСЛОВИЯ РАБОТЫ* регуляторов, но сами ткани организма еще не восстановлены полностью. Часть раковых клеток, например, образовавшихся в течение времени "плохого снабжения" пищей, возможно, еще будут существовать к этому моменту.

На этом участке взаимный баланс между глюкозой и СТГ продолжает поддерживаться по принципу отрицательной обратной связи. Уменьшение секреции СТГ вызывает уменьшение выхода глюкозы из жирных кислот, а это приводит к растормаживанию гипоталамуса и компенсаторному увеличению выхода СТГ.

Когда резерв жиров подходит к концу этот баланс нарушается. Выход глюкозы из жирных кислот становится все менее эффективным, и требует повышения активности гипоталамуса, чувствительность которого к этому времени восстановлена до максимально возможной в данном конкретном случае величины. Гипоталамус все более и более растормаживается, стремясь путем увеличения производства СТГ заставить жировую ткань выделять все больше жирных кислот и, как следствие, увеличить производство глюкозы. Но жиры на исходе, и этот процесс не приводит к желаемому результату. Вместе с гипоталамусом растормаживается и центр аппетита. Человек снова начинает испытывать сильное чувство голода.

Это и является ОДНИМ ИЗ СИГНАЛОВ К ОКОНЧАНИЮ ГОЛОДАНИЯ.

У детей и подростков эти явления могут быть выражены иначе. Во многих случаях при местных отклонениях от нормы работы различных органов, аппетит во время голодания не теряется в течение многих дней. Это происходит потому, что ГТ у детей обычно не имеет ожирения (кроме явно выраженных признаков ожирения у ребенка), и поэтому при переходе на внутреннее жировое питание гипоталамус не затормаживается в такой степени, чтобы затормозить и центр аппетита, ибо и так уже работает в нормальном режиме. Само по себе такое явление свидетельствует о хорошей работе всего комплекса обратных связей организма. Поэтому **для детей сигналом об окончании голодания является исчезновение симптомов заболевания плюс необходимый запас в 2-3 дня после этого.**

Когда функционирование регуляторов и обмена веществ организма восстановлено, начинается так называемый "восстановительный" период лечения. Последовательность и количество приема пищи в этот период установлены экспериментально (см. рекомендации Ю.Николаева), но это не догма.

Более того, многое зависит от того, какого режима питания больной и врач намерены придерживаться **после** окончания курса лечения. Рекомендованная Ю.Николаевым молочно-растительная диета в нормальном режиме питания признается не всеми диетологами, многие стоят на позициях более или менее строгого вегетарианства с относительно редким употреблением животных жиров и белка. В любом случае, однако, переедание даже при строгом вегетарианстве более опасно, чем любая невегетарианская, но минимальная диета (конечно из доброкачественных продуктов).

Здесь же следует отметить, что во всех известных нам случаях диета Ю.Николаева во время восстановительного периода казалась пациентам завышенной, по крайней мере, вдвое.

На восстановительном этапе происходит не только восстановление нормальной работы всех клеток и органов и их размеров, но и их регенерация, восстановление их структуры. Во многих случаях при тяжелых заболеваниях поражается до 85% тканей тех или иных органов, но организм еще живет. Восстановление нормальной гормональной регуляции с доставкой нужного количества питательных веществ приводит, с одной стороны, к деградации "неправильных" раковых клеток, а с другой стороны – к усиленному размножению оставшихся здоровых клеток данного органа.

Упрощенно можно объяснить процесс ускорения роста клеток при восстановлении органов тем, что прежнее количество гормона роста, поступающее от гипофиза (или даже большее из-за повышения "мощности" ГТ-ГФ-системы) приходится теперь, после окончания голодания, на меньшее по количеству и объему уцелевших, но здоровых клеток данного органа. Поэтому в процентном отношении концентрация СТГ в органе даже может повышаться, способствуя росту клеток. Рост автоматически затормаживается после достижения органами нормальных размеров.

Длительность периода восстановления зависит от разных факторов, но главным из них является период деления клеток данного органа, который для клеток разных органов весьма различен. Так, для клеток желудка период составляет 3-4 дня (именно поэтому ожоги эпителия желудка чистым спиртом не слишком опасны и быстро проходят), для печени он составляет около 10 дней, в то время как для клеток костной ткани он равен примерно 140-150 дней. Поэтому в последнем случае восстановительный период может составлять более полугода.

Характерным явлением, свидетельствующим о восстановлении чувствительности гипоталамических систем к торможению, является динамика работы центра аппетита на восстановительном участке. В начале приема пищи в восстановительном периоде минимальные дозы внешнего питания вызывают чувство полной сытости (гипоталамус и центр аппетита тормозятся минимальными порциями глюкозы), которое очень быстро проходит. И это также естественно, ибо малые дозы глюкозы очень быстро используются тканями организма, а, кроме того, этому способствует и резкое снижение уровня СТГ при торможении гипоталамуса, что также стимулирует работу поджелудочной железы, вырабатывающей большое количество инсулина, необходимое для быстрой утилизации глюкозы.

Сигналом о восстановлении нормального функционирования гипоталамуса является также и то, что при наличии ограничительной диеты на восстановительном периоде вес человека увеличивается с гораздо меньшей скоростью, чем он уменьшался при голодании, и у пожилых людей, как правило, не достигает исходного веса до начала голодания. Это свидетельствует об эффективном использовании пищи, поступающей в организм; она расходуется на энергетические потребности и на восстановление разрушенных органов, а не откладывается в форме жира, что, в конечном счете, ведет к увеличению веса за пределы нормы.

Дополнение.

Практически единственной книгой, способной служить до некоторой степени руководством по голоданию, является книга П. Брэгга. В случаях, когда болезнь носит затяжной, хронический характер, не угрожающий непосредственно жизни больного, метод Брэгга, безусловно, предпочтительнее и безопаснее, поскольку он не перегружает выделительные системы и кровь большим количеством вредных веществ, появляющихся в крови при их массовом выбросе из жировой ткани. **"Гора жира" как бы послойно срезается при каждом еженедельном 36-часовом голодании.** П.К.Иванов рекомендует даже 42-часовые голодания, но это, повидимому, не принципиально, хотя и более эффективно.

К концу первого 36-часового голодания уровень гормона роста поднимается настолько, что уже в течение первых нескольких дней начинается извлечение жира из жировых депо. Утверждение, что до ацидотического криза расходуется только гликоген печени, как уже было объяснено ранее, повидимому, неточно. Если принять этот тезис, то невозможно объяснить, почему потери веса в течение первых дней могут иногда достигать нескольких килограммов. Вся печень столько не весит, и, тем более, ее запасы гликогена.

Поэтому процесс увеличения уровня СТГ носит, повидимому, компенсированный характер. До тех пор, пока не израсходовался в значительной мере гликоген печени, процесс мобилизации жира не идет достаточно интенсивно. Тем не менее, он все же идет. Поэтому **можно считать**, что до ацидотического криза организм находился на комбинированном питании (гликогенно-жировом), а после ацидотического криза – только на жировом.

В связи с этим вывод Николаева о невысокой эффективности голодания при слабой выраженности ацидотического криза не следует, вероятно, рассматривать как окончательный. Во-первых, во многих случаях у Николаева речь идет о лечении психических болезней, а они далеко не всегда связаны непосредственно с ожирением тканей мозга, а во-вторых, роль и действие большинства компенсаторных механизмов организма далеко еще не изучены.

Книга Брэгга ставит еще один очень важный вопрос: действительно ли голодание имеет "накопительный" эффект? Эквивалентны ли 6 недель с одним голодным днем в каждой непрерывному голоданию в течение 6 дней? И если нет, то какой между ними "пересчетный коэффициент"? Насколько эффективнее рекомендуемый Брэггом годовой курс голодания общей продолжительностью в 75 голодных дней, чем два длительных непрерывных курса по 35 дней в каждом? Сам Брэгг отвечает на этот вопрос: "Я не верю в длительное голодание, я считаю, что надо проводить курсы по моей системе". Однако, при быстро и остротекущих заболеваниях бывает невозможно ждать год и более. Но Брэгг и не рекомендует голод как лекарство; по его мнению – это лишь средство поддержания организма в здоровом состоянии, а не метод лечения. Поэтому, вообще говоря, нет никакого противоречия между системами Брэгга и Николаева, и, тем более, Армстронга. Последние используют голод как лечение, а Брэгг – как профилактическое средство.

Накопительный эффект голодания может иметь место только в том случае, если разные виды жира расходуются в зависимости не от времени, а от количества гормона СТГ в крови. Жиры вообще образуются при повышенном содержании глюкозы и низком уровне СТГ. При высоком уровне СТГ они преимущественно расходуются. И если голодание кратковременное (или проводится с перерывами, как у Брэгга), то жиры расходоваться почти не будут, а если и будут, то очень малыми порциями. При кратковременных голоданиях до жира практически невозможно «добраться» – расходуется преимущественно гликоген печени, и в течение следующей недели практически полностью восстанавливается. Именно поэтому в угрожающих жизни человека случаях временного отсутствия пищи, как, например, при стихийных бедствиях или в экстремальных ситуациях, следует вообще отказаться от приема пищи, ожидая прихода на помощь спасателей. Экономное расходование пищи в условиях ее сильно ограниченных запасов хуже, чем полный отказ от нее и переход на голодание на воде. На полном голоде человек может просуществовать много более 50-ти дней, в то время как при недоедании процессы дистрофии могут развиться в течение двух недель.

Мнения о периоде полураспада клеток печени расходятся у разных авторов. Одни считают, что клетки печени имеют деление 1 раз в 10 дней, другие склонны увеличить этот период до 40 дней. Если правы первые, то похоже, что к концу десятого дня клетки печени уже должны иметь для своего нормального функционирования ВСЕ необходимые питательные вещества, в первую очередь жирные кислоты, аминокислоты, иначе возобновления клеток не произойдет и печень начнет разрушаться.

ГЛАВА ПЯТАЯ

Следующие разделы следует не только прочитать, но изучить и ЗАПОМНИТЬ. Сведения, здесь находящиеся, могут вам понадобиться В ЛЮБОЙ МОМЕНТ в процессе голодания, на любой его стадии, и вы должны ТОЧНО ЗНАТЬ, что и почему нужно делать в каждый такой момент.

ОСОБЕННОСТИ ПРОЦЕССА ГОЛОДАНИЯ

В течение курса длительного голодания существуют несколько этапов, на которые больной может и должен обращать внимание. Вообще говоря, лучше, если больной сообщает регулярно ухаживающему за ним человеку или врачу о своих ощущениях как с целью оперативного контроля за состоянием больного, так и с целью накопления опыта самим больным. Эти изменяющиеся ощущения целесообразно записывать в дневник. **Следует иметь в виду, что каждый очередной курс голодания чаще всего не похож на предыдущий как по симптомам, так и по времени их проявления.**

Длительное голодание, предпринимаемое без подготовительного (по Брэггу) периода, часто сопровождается резкими симптомами. Суть процессов, при этом происходящих, сводится к следующему...

*

При повышении уровня соматотропина (СТГ) в крови выше некоторой определенной величины, начинается, как уже было сказано, извлечение запасов жирных кислот (ЖК) из жировой ткани, распределенной по всему организму. Эти ЖК превращаются затем в печени в гликоген и глюкозу. Наличие в крови повышенного содержания жирных кислот приводит к сдвигу реакции крови в кислую сторону, хотя, конечно, эта реакция остается щелочной. В свою очередь, это изменение pH крови, если оно сравнительно большое, может вызывать стойкое сокращение мышц в разных частях тела, в первую очередь гладкой мускулатуры. Может ощущаться спазм мышц спины, что приводит к давлению на позвонки и к явлениям типа радикулита. Головные боли, иногда сопутствующие голоданию, особенно на первых его этапах, также имеют в своей основе эту причину.

Снять спазм чаще всего помогает питье минеральной воды типа «Боржоми» и других щелочных вод. Питье соответствующих трав также помогает бороться со спазматическими явлениями и ацидозом, но этот вопрос еще подробно не разработан, и при голодании следует воздерживаться от приема внутрь не апробированных данным больным настоев трав.

Этот этап носит в литературе название **ацидотический криз.**

Другой этап, менее значимый с точки зрения техники безопасности, но существенно важный с лечебной точки зрения – это начало **восстановления регуляции гипоталамуса**.

Этот этап проявляется с той или иной степенью выраженности в возникновении длительного ощущения общего "внутреннего" холода, которое может продолжаться в течение нескольких суток, особенно при холодной погоде и при относительно большой теплоотдаче организма во внешнюю среду, а также при повышенной физической нагрузке. Важно отметить при этом, что температура человека снижается не сильно, никак не ниже 36°C. Это явление возникает из-за уже описанного кислородного мышечного голодания, и может быть ослаблено нахождением больного на максимально чистом воздухе, даже в холодную погоду, но хорошо одетого. Следует постоянно помнить, что в ходе лечебного голодания "простудиться" практически невозможно (к этому вопросу мы далее еще вернемся).

В процессе голодания до тех пор, пока система ГТ-ГФ выделяет достаточно большое количество соматотропина (СТГ), темп извлечения жиров из жировой ткани остается достаточно высоким, и, соответственно, печень производит достаточное количество глюкозы для компенсации энергетических потерь. Этот процесс устанавливается в первые несколько дней после прохождения ацидотического криза, примерно на 8-10 день после начала голодания. Характерно, что на этом периоде суточные колебания уровня СТГ вызывают в поздние вечерние и ночные часы (примерно с 21-22 часов до 2-3 часов ночи) ощущение холода в ногах и руках, кистях и пальцах, которые сменяются ощущением тепла к середине ночи и к утру. Повышение синтеза глюкозы при увеличении выхода жира из жировой ткани не приводит пока еще к сильному торможению гипоталамической системы.

Начиная с определенного времени (у всех больных по-разному) в результате, возможно, постепенного освобождения гипоталамуса от жировых накоплений или по неизвестным еще причинам, чувствительность ГТ к тормозящему действию глюкозы постепенно восстанавливается. Глюкоза, синтезированная печенью из жирных кислот, начинает тормозить выход СТГ из ГТ-ГФ-системы, в соответствии с чем снижается и выход жирных кислот из жировой ткани по принципу отрицательной обратной связи, затем снижается выход глюкозы из печени и так далее... ВКЛЮЧАЕТСЯ **ОСНОВНАЯ ОТРИЦАТЕЛЬНАЯ ОБРАТНАЯ СВЯЗЬ,** отсутствие которой ранее приводило к неудержимому росту концентрации СТГ в крови и являлось основной причиной "болезней возраста" – рака, диабета, сердечно-сосудистых заболеваний

Резкие симптомы "очищения" организма, его "перестройки", возникающие иногда в первые дни голодания (рвота, понос и пр.) на последующих этапах голодания обычно исчезают. Если рвота возникает на последующих (более 20 дней) этапах голодания, нужно проверить, нет ли сильного запаха аммиака или ацетона изо рта, и нет ли белка в моче (с помощью анализа мочи в поликлинике). Эти симптомы могут свидетельствовать о недостаточности работы почек – уремии. Такую "вызванную" уремию можно попытаться устранить повышенным питьем "Боржоми". Если это не помогает, нужно выходить из голодания.

Методика проведения лечебного голодания "по Николаеву" предусматривает ежедневную утреннюю клизму для очищения кишечника от отходов. Образование каловых масс происходит во время голодания в той или иной степени даже и без поступления пищи в организм. Деятельность желудка не прекращается, она видоизменяется. Но во многих случаях выделение кала происходит и без помощи клизмы, более того, возможны даже поносы в течение многих дней. Только когда отсутствие выделения кала сопровождается болями в животе, можно рекомендовать клизму. В общем случае допустимым может считаться применение клизмы через день-два. Само по себе наличие каловых масс в кишечнике не является вредным фактором для организма, они обезвреживаются в нем выделениями желчи – продукта работы печени. Вредными могут быть только продукты выделения кишечных микроорганизмов – кишечной флоры. Поэтому в начале голодания следует в течение первых трех дней делать клизму ежедневно, чтобы снизить количество этих микроорганизмов, и свести до минимума вред от их выделений. Затем новые выделения организма в кишечник будут перерабатываться уцелевшей частью кишечной флоры, но уже сведенной до возможного минимума.

Падение веса в первые несколько дней голодания до 1-1,5 кг в день может быть связано также и с применением указанных клизм; количество удаляемых при этом отходов весьма значительно. В дальнейшем эта "статья расходов" исчезает, и снижение веса может составлять на последних этапах голодания не более 150 граммов в сутки (при условии отсутствия, конечно, физической нагрузки).

Кожа во время голодания является таким же выделительным органом, как кишечник и почки. Во время длительного голодания от тела может исходить сильный неприятный запах, что как раз и связано с выделением ненужных и вредных для организма веществ через поры кожи. Поэтому, кроме ежедневного душа ваша одежда должна быть такой, чтобы воздух свободно уносил от тела летучие вредные вещества, а сама одежда должна их хорошо впитывать. Белье следует менять каждый день. Следует также

НАВСЕГДА ОТКАЗАТЬСЯ

от использования синтетического нательного белья; не годятся шелковые ткани, лавсан и прочие синтетические ткани. Наиболее пригодна хлопчатобумажная и льняная одежда, хорошо впитывающая пот.

При ощущении холода во время голодания следует помнить, что **причина его внутренняя, а не внешняя.** Ощущение холода возникает как из-за отсутствия достаточного усвоения глюкозы тканями из-за повышенного уровня СТГ, так и из-за недостатка глюкозы вообще и, наконец, возможно, из-за тканевой гипоксии, из-за снижения способности крови доставлять к тканям кислород. Устранить это можно легким массажем, питьем "Боржоми", щелочных вод или отвара шиповника. Однако злоупотребление "Боржомом" не рекомендуется из-за опасности отложения в организме неорганических солей, входящих в его состав, в частности соды, которая в больших количествах отрицательно может воздействовать на клетки мозга. Впоследствии, по окончании голодания, **сода может быть выведена из организма большим количеством смеси сельдерейного и морковного сока**. Кроме того, обычно в режиме голодания организм сам регулирует необходимое количество щелочного питья. В определенные периоды пить "Боржом" просто не хочется, а обычная вода кажется намного приятнее.

Явление гипоксии иллюстрирует **личный опыт автора**, когда во время одного из начальных курсов голодания, начиная примерно с 8 дня, нахождение в автомобиле с закрытыми окнами уже примерно через пять минут приводило к возникновению сильной боли в области почек, которая почти сразу же исчезала после выхода из автомобиля или полного открывания всех окон. Эксперимент повторялся несколько раз и всегда имел тот же результат.

Кровяное давление также может сильно изменяться в зависимости от того, находится ли пациент в комнате или на улице. Причем в считаные минуты.

ПРОТИВОПОКАЗАНИЯ
К ПРОВЕДЕНИЮ ЛЕЧЕНИЯ ДОЗИРОВАННЫМ ГОЛОДАНИЕМ

По мнению Ю. Николаева такими противопоказаниями являются: глубокая степень истощения (особенно в пожилом возрасте), активный туберкулез легких, злокачественные заболевания крови и злокачественные опухоли, цирроз печени и почек, некоторые органические заболевания центральной нервной системы, период беременности и лактации, многие паразитарные заболевания, выраженный гельминтоз (глисты). Из психических заболеваний противопоказаниями являются: слабоумие, психозы с систематизированным бредом, состояния двигательного возбуждения, многие виды психопатии, психические заболевания в раннем детском возрасте.

НЕКОТОРЫЕ ВОЗМОЖНЫЕ ОСЛОЖНЕНИЯ ПРИ ЛЕЧЕБНОМ ГОЛОДАНИИ (ПРОФИЛАКТИКА И ЛЕЧЕНИЕ)

Как правило, в период лечебного голодания довольно редко присоединяются какие-нибудь инфекционные заболевания, в том числе и простудного характера (чего нельзя сказать в отношении катарральной ангины, которая иногда возникает у больных, часто болевших ею ранее). Обострение тонзиллита при голодании объясняется, по-видимому, отсутствием очищения миндалин проходящей пищей.

С профилактической целью больным рекомендуется во время голодания ежедневно полоскать горло слабым раствором марганцовокислого калия или соды.

В стадии нарастающего ацидоза у больных иногда возникает тошнота и рвота. В этом случае рекомендуется больше пить щелочных вод (боржом), принимать питьевую соду по 0,5 чайной ложки через час, делать повторную очистительную клизму, участить прогулки, давать дышать кислородом. В случае неукротимой рвоты, продолжающейся 2-3 дня иногда приходится прерывать голодание.

В редких случаях у больных при длительном голодании (30-40 суток), обычно после многократной рвоты, возникают тонические судороги. Обычно вначале сводит пальцы рук, появляются судороги икроножных мышц, затем судороги могут распространиться на все мышцы конечностей и жевательные мышцы. **Эти судороги обусловлены обезвоженностью организма и дефицитом хлористого натрия**. Профилактической мерой здесь является прием минеральных вод (боржом), при появлении рвоты – повышенный доступ кислорода к больному, нахождение его на свежем воздухе.

При появлении повторяющихся и распространяющихся судорог показан прием слабого раствора поваренной соли, обычно в теплом виде по стакану через 1-2-3 часа 4-5 раз в день. Обычно судороги прекращаются после первого же стакана солевого раствора. Если судороги в дальнейшем возникают снова, рекомендуется прервать голодание и постепенно перевести больного на питание, начиная с фруктовых соков. При резком похудании и продолжающихся рвотах в начале питания рекомендуется в течение 2-х дней 4-5 раз в день давать больному сыворотку из-под простокваши или нормально посоленный овощной бульон, после чего переходить на бессолевое питание по установленной схеме, начиная с соков.

ТЕХНИКА БЕЗОПАСНОСТИ

Ни в коем случае не применяйте во время голодания теплых ванн!

Теплая ванна расширяет сосуды, что может привести к отрыву от их стенок отложившихся ранее холестериновых бляшек – маленьких кусочков жира. С током крови такой кусочек может попасть в легкие или сердце или закупорить какой-нибудь важный кровеносный сосуд, что может привести к немедленной потере сознания и быстрой смерти. Имеется печальный опыт – двоюродная сестра автора умерла в ванной во время курса голодания, проводимого ею в одиночку.

Тем не менее, поскольку от тела при голодании часто исходит неприятный запах из-за выделения вредных веществ через кожу, следует более часто мыться.

Используйте ДУШ, а не ванну. Не применяйте мыла! Оно проходит через кожу, попадает в лимфу и далее в кровь, что может вызвать при голодании непредсказуемые последствия!

В процессе голодания из-за изменения состава крови могут возникать боли и спазмы в разных частях тела.

НЕЛЬЗЯ ДЛЯ БОРЬБЫ С БОЛЯМИ ПРИМЕНЯТЬ ТЕПЛЫЕ ВАННЫ! НИКОГДА!

Бороться с болями можно единственным способом – раскислением состава крови путем питья щелочной воды типа «Боржоми» (НЕ НАРЗАН!!!)

В результате снижения выхода жирных кислот из жировой ткани УМЕНЬШАЕТСЯ И СКОРОСТЬ СНИЖЕНИЯ ВЕСА ТЕЛА, что можно заметить <u>на графике изменения веса</u>, который СОВЕРШЕННО НЕОБХОДИМО строить, особенно для голодающих в первый раз!

ВО ВРЕМЯ ГОЛОДАНИЯ НЕЛЬЗЯ СОВЕРШАТЬ ОЧЕНЬ РЕЗКИХ ДВИЖЕНИЙ.

Все движения должны быть плавными, немножко замедленными. Вы должны вести себя так, как будто вы - рыбка в аквариуме. Не ходите, а "плавайте"!!

КАТЕГОРИЧЕСКИ ЗАПРЕЩЕНО

Принимать какие-либо лекарственные препараты во время голодания.

Недопустимо также курение, так как последствия могут быть непредсказуемыми.

В обоих случаях организм скорее всего начнет справляться с проблемами сам, и вам не потребуется ни принимать лекарства, ни даже не захочется курить.

Бывают случаи, когда больные, несмотря на строгое запрещение курения табака во время голодания, тайком курят. В этих случаях может возникнуть коллапс (припадок) с резкой бледностью и падением сердечной деятельности или расстройство сознания с двигательным возбуждением.

Профилактика: надзор за больным, исключающий возможность курения. В случае коллапса – обеспечить горизонтальное положение больного, свежий воздух, кислород, при необходимости кофеин или камфара (половина одноразовой терапевтической дозы).

КАТЕГОРИЧЕСКИ ЗАПРЕЩЕНО

Принимать какую-либо пищу (даже брать ее в рот) после прохождения ацидотического криза после пятого дня голодания!

Это может привести к смертельному исходу.

(Пятый день указан как ближайшая граница, так как иногда ацидотического криза можно и не заметить).

В исключительных случаях, если вы проводите голодовку в одиночестве,
укрепите на видном месте сообщение-плакат на случай потери вами сознания и приезда скорой помощи:

Я провожу длительную голодовку!
Уколы недопустимы!
Приведите меня в сознание холодной водой!

Такой же плакатик повесьте себе на шею под одежду, если вы выходите один на улицу – вы можете потерять сознание от ацидоза, и приехавшая скорая... отправит вас на тот свет одним уколом атропина, если не увидит плакатика.

Поэтому НИКОГДА не проводите голодовку в одиночку, кто-то должен быть всегда рядом.

Брэгг проводил в одиночку довольно длительные голодовки (и даже писал об этом), но у него уже был длительный опыт, да и голодовки Брэгга не превышали недели.

В Н И М А Н И Е !!

Следует постоянно и всю жизнь помнить, что после ГОЛОДАНИЯ организм человека становится весьма чувствительным к любым "лекарственным" средствам, особенно к антибиотикам и гормональным препаратам. Доза, которую вам пропишет врач при вашем очередном возможном заболевании, не зная о том, что вы прошли курс длительного голодания, или не придав этому значения, может оказаться для вас СМЕРТЕЛЬНОЙ!

Необходимо принимать ЛЮБОЕ химическое средство, рекомендуемое вам в качестве "лекарства" с крайней осторожностью, **начиная с четверти прописанной дозы** и внимательно наблюдая за последствиями. Вы должны быть в этом вопросе внимательнее и грамотнее своего "лечащего" врача, как бы самоуверенно это ни звучало!

Ваша жизнь теперь в ваших собственных руках!

Бывали случаи, что после длительного голодания люди, излечившиеся таким путем от тяжелых заболеваний, умирали от каких-то "невинных" таблеток. Помните, ваш организм очищен полностью, как у новорожденного ребенка. Не станете же вы кормить новорожденного обычными дозами антибиотиков и гормонов!

НАЧАЛО ГОЛОДАНИЯ

Перед началом голодания необходимо полностью очистить кишечник! Остатки пищи в кишечнике могут сильно ухудшить самочувствие на первых этапах голодания!!! (Чаще всего это проявляется в виде головной боли.)

ТЕХНИКА ПОСТАНОВКИ КЛИЗМЫ

В обычной городской квартире, имеющей ванну, можно ставить клизму самому себе без посторонней помощи и с максимальными удобствами по следующей методике:

Предварительно сходите в туалет и по возможности опорожните кишечник и мочевой пузырь.

Наполните ванну горячей водой, некоторое время прогрейте ванну и ванную комнату и выпустите воду. Далее нужно лечь В ПУСТУЮ ВАННУ на спину, ноги согнуть в коленях, можно положить пятки на борта ванны. В таком состоянии наполнение кишечника водой происходит более эффективно, с минимальными неприятными ощущениями и под полным вашим контролем.

Налейте воду с температурой тела в объем посуды не менее литра, и вставьте выход трубки клизмы в заднепроходное отверстие.

Такое положение тела и эти условия позволяют облегчить опорожнение кишечника, которое можно сделать тут же в ванну, и затем обеспечить чистоту наиболее простым способом, смыв все это из ванной струей воды. Если каловые массы не проходят через сливное отверстие, размельчите их пальцами. Преодолеть отвращение достаточно просто, если понять один раз, что это та же пища, но переработанная соками желчи, выделенными самим организмом. Кал абсолютно безвреден, ведь он находился в вашем организме достаточно долго, и не причинил вам никакого вреда! Кроме того, вода в водопроводе всегда под рукой.

Устранить неприятный запах от рук вы сможете, вымыв руки стиральным порошком, содержащим биологические добавки (с любым названием, содержащим приставку "БИО"), конечно, только после окончания всей процедуры.

При введении воды в заднепроходное отверстие следует максимально расслабить мышцы живота, дышать глубже. При опорожнении кишечника следует заставить его максимально работать, для чего можно либо усиленно (но не быстро) массировать живот кругами (по часовой стрелке 36 раз, затем против часовой стрелки 24 раза), либо глубоко втягивать живот и снова его отпускать примерно один раз в 3-5 секунд. При приобретении достаточного навыка, можно делать введение воды внутрь непосредственно от водопровода, сняв распылитель с душевого шланга, и расположив его выходное отверстие вплотную к заднепроходному. Вначале, конечно, следует установить необходимую температуру воды, чуть ниже температуры тела, так чтобы вводимая вода не казалась ни горячей, ни холодной. Поток воды не должен быть очень сильным. Давление в водопроводе велико, и поэтому не требуется вставлять трубку внутрь тела: давление воды само откроет заднепроходное отверстие.

При малейших болях в животе следует немедленно отвести шланг от заднепроходного отверстия, и попытаться выбросить воду из себя. Эти боли возникают при переполнении кишечника водой из-за его закупорки калом в определенном месте. Несколько таких операций заставят эти каловые сгустки выйти из организма. Затем снова наполните кишечник водой. С каждым разом количество воды, которое можно ввести в кишечник, увеличивается. Когда выходящая вода будет чистой, и не будет содержать красящих пигментов желчи, можно закончить операцию. Встаньте в ванной и постойте минут пятьдесят. Возможны новые позывы к опорожнению кишечника, которые можно тут же удовлетворить.

При сильных запорах не всегда удается сразу промыть весь кишечник. Поэтому не торопитесь заканчивать процедуру промывания. Даже в обычных случаях, когда некоторое время выходит слабоокрашенная вода, затем может последовать большой выброс кала с водой. Промывания иногда приходится делать многократными, до 10 раз. Одним из сигналов, что можно заканчивать процедуру, является легкое покалывание в теле и ногах при загрузке очередной порции воды. Еще одним сигналом является начало выделения мочи, так как большое количество воды, попадая в кишечник, частично всасывается в кровь и начинает выходить с мочой.

После того, как вы решили заканчивать процедуру, дождитесь, чтобы основная масса воды вышла из кишечника. Если при максимально возможном втягивании живота у вас нет болевых ощущений, цель можно считать достигнутой. Оставшаяся вода постепенно всосется из кишечника в кровь и выйдет с мочой в течение нескольких часов.

Затем вы должны прекратить прием пищи полностью.

ПО ХОДУ ГОЛОДАНИЯ

Учитывайте ранее описанные в этой главе особенности процесса голодания. Соблюдайте технику безопасности! Проводите как можно больше времени на свежем воздухе (до 14 часов в день!). Спите с открытым окном. Используйте во всех критических случаях ТОЛЬКО щелочную воду.

Одним из основных способов ограничения перекисления организма считается питье щелочных вод. Однако это не одобряется многими натуропатами из-за того, что действие этого метода основано на использовании чисто химических растворов буферных солей. Более полезным они считают питье отвара шиповника, тем более что при этом организм получает большие дозы витамина "С", облегчающего борьбу с болезнями. В обоих случаях в организм вводится большое количество воды, что увеличивает нагрузку на почки.

Ни в коем случае не добавляйте в отвар шиповника сахар!

САХАР НА ДАННОМ ЭТАПЕ ОЗНАЧАЕТ СМЕРТЬ!

Бороться с чувством холода следует не с помощью одежды, а с помощью «Боржоми», можно подогретого.

ВЫХОД ИЗ ГОЛОДАНИЯ

При выходе из голодания очень важно обратить внимание на важнейший момент!

В состоянии «перекисления» некоторые мышцы могут испытывать СПАЗМ. Выходная кольцевая мышца желудка (СФИНКТЕР) – не исключение. Поэтому даже при простом приеме воды (не говоря уже о первых порциях сока) вода может не пройти из желудка в кишечник. В конечном счете вода всасывается через стенки желудка. Но ЯБЛОЧНЫЙ СОК – не может. Поэтому не исключены ситуации, когда после приема первых порций сока возникает тошнота и рвота. Из-за спазма сфинктера пища не может пройти в кишечник и запустить процесс выхода из голодания.

В этом случае следует развести чайную ложку соды (или половину) на стакан воды и выпить полстакана. Сильно щелочная вода попадет к сфинктеру желудка, раскислит окружающую среду и саму мышцу, и приведет ее в работоспособное состояние. Через 10 минут можно выпить сто-двести граммов сока и посмотреть на результат. Через 10 минут – еще порцию. Если рвоты нет – все в порядке. Если рвота возникает – увеличить концентрацию и объем содовой воды.

При выходе из голодания возможны два варианта:

а) Выход из голодания осуществляется ДО исчерпания организмом всех жировых запасов;

б) Выход из голодания осуществляется ПОСЛЕ исчерпания жировых запасов.

Эти два случая проиллюстрированы графиками на рис.18.

Случай "а"

Следует иметь в виду, что жиры из разных тканей, из разных частей тела извлекаются во время голодания неравномерно и неодновременно. Сначала могут расходоваться запасы жира из одной ткани, а затем из другой. Человек худеет не целиком, а частями. Фигура голодающего постепенно меняется, иногда бывая довольно странной. Так, в первую очередь могут худеть руки, а потом расходоваться жировые запасы живота и лица. Возможны и другие варианты. Это происходит так, как будто жировые отложения, накопленные разными тканями, имеют различную чувствительность к СТГ.

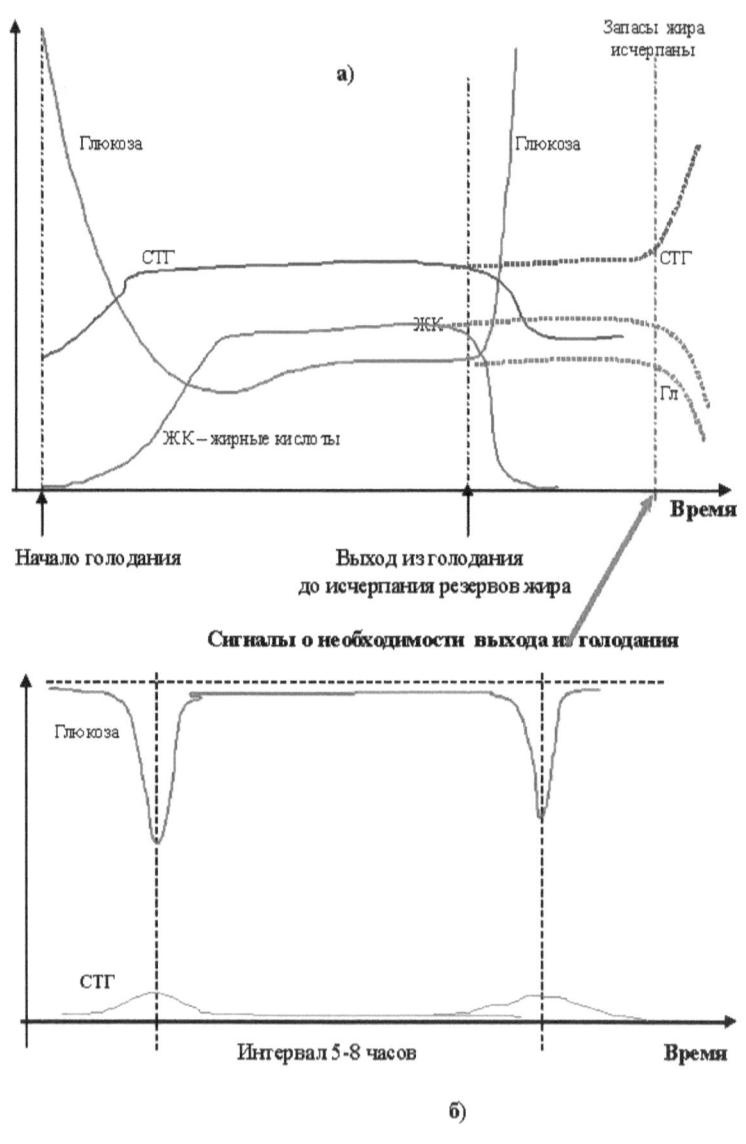

Рис.18

Этот уровень СТГ от начала голодания к его концу несколько повышается, что, возможно, и обусловливает "срабатывание" запасов жира в разное время. Есть предположение, что жировые запасы, накопленные в молодости или во время беременности, по неизвестным пока причинам исчезают в последнюю очередь.

Если выход из голодания осуществляется до исчерпания всех жировых запасов, то процесс выхода из голодания может быть затруднен наличием в крови большого количества жирных кислот. **В этом случае часто рекомендуемая в литературе схема выхода из голодания - на апельсиновом или грейпфрутовом соке, а, возможно, и на яблочном, может не сработать.**

Что делать в таком случае (повторение сказанного ранее).

Сдвиг реакции крови в кислую сторону ("перекисление организма") может быть столь велик, что выходной сфинктер (кольцевая мышца) желудка может иметь спазматическое сжатие. В этом случае даже прием обычной воды в количестве более одной чашки может привести к рвоте, так как желудок к этому времени тоже сжат, и мышечные ткани самого желудка имеют спазм. Прием чистой воды небольшими дозами каждые полчаса не приводит к рвоте потому, что вода успевает всасываться через стенки желудка. Но фруктовый сок таким путем всосаться не может, это может произойти только в кишечнике. Поэтому прием соков даже малыми дозами через несколько часов может приводить в таких случаях к постепенному переполнению желудка и рвоте.

Преодолеть повышенную сверх меры кислотность и перейти на внешнее питание можно только путем принятия половины чайной ложки соды минут за 10-15 до приема сока (0,5 чайной ложки соды, разведенной в чашке воды). Сода создает местное "раскисление" среды, окружающей сфинктер желудка, и позволяет принятому вслед за этим соку быстро покинуть желудок и пройти в кишечник. В кишечнике сок быстро всасывается, примерно в течение 15 минут, и его глюкоза, воздействуя на гипоталамус, снижает уровень СТГ и тем самым уменьшает кислотность крови, так как выброс ЖК из ЖТ затормаживается. Поэтому для последующего приема сока нужно уже меньшее количество соды (примерно на 10-20%) и таким образом за четыре-пять приемов сока прием соды постепенно сводится к нулю.

Отсюда понятно, что в данном варианте нужно применять при выходе из голодания не кислые (апельсин, грейпфрут) соки, как это рекомендует Брэгг, а сладкие яблочные соки яблок типа "Голден" и ему подобных (но не "антоновку"!!), содержащих большое количество глюкозы и фруктозы.

Брэгг рекомендует апельсиновый сок не потому, что он ошибается, а потому, что в Америке и на Западе никогда не употребляют в пищу таких апельсинов, как в СССР. Апельсины типа кубинских предназначены для кормления свиней. Настоящие апельсины всегда очень сладкие, но таких апельсинов в России и не видали.

Сок же относительно кислых фруктов можно будет принимать только тогда, когда кислотность организма упадет ниже определенной величины, что будет ясно пациенту по отсутствию позывов к рвоте при приеме небольшого количества этих соков. Следует иметь в виду, что содержащееся в грейпфруте и апельсинах большое количество витамина "С" способствует усвоению глюкозы из кишечника, и существенно облегчает выход из голодания. Применение для выхода из голодания чистой глюкозы (из аптеки) вызывает неприятные ощущения в желудке и кишечнике, и может быть допущено только в условиях полного отсутствия сладких фруктов, из которых можно было бы получить сок. (В московских клиниках выход из голодания осуществляется даже на консервированном яблочном соке, но эксперты не рекомендуют этого, так как содержащиеся в соке консерванты иногда могут оказать на организм, находящийся еще в режиме голодания, вредное действие.)

При приготовлении сока с утра можно приготовить его полную дневную порцию, и сохранять весь день в холодильнике. Однако охлажденным его пить нельзя, холодный сок плохо обрабатывается желудком и поэтому находится в нем больше необходимого времени, особенно если он не очень сладкий; это приводит к нежелательному распаду части веществ, в то время, как находясь уже в кишечнике, они могли бы быстро усвоиться организмом. Независимо от времени года сок, вынутый из холодильника, нужно разбавлять теплой (но не выше 50°C) водой, и пить в теплом виде или с комнатной температурой.

*

Одним из характерных симптомов снижения уровня СТГ в крови при переходе с внутреннего питания на внешнее является изменение состава мочи. При эндогенном (внутреннем) питании выход в кровь жирных кислот сопровождается выходом связанных с жирами веществ, появляющихся при распаде этих жиров на жирные кислоты. Эти вещества выводятся из организма с мочой в виде "слизи". Этот процесс происходит обычно только при высоком уровне СТГ, в том числе и в "нормальных" условиях при наличии у человека атеросклероза, диабета и повышенного давления. Если уровень СТГ существенно снижается (что происходит при торможении ГТ глюкозой при выходе из голодания), то расход внутренних жиров прекращается, а стало быть прекращается и выход связанных с жирами веществ, перестает выделяться с мочой и "слизь". Моча (и кровь) очень быстро становится практически чистой, и осадка в моче не появляется даже на второй или третий день хранения в закрытой посуде.

ВОТ ПОЧЕМУ ТАК ВАЖНО СОБИРАТЬ И НЕКОТОРОЕ ВРЕМЯ ХРАНИТЬ
собранную мочу.

Очищение мочи является одним из сигналов о возможности начала переключения организма на внешнее питание. И так как весь процесс переключения не происходит скачком, на это может потребоваться день или два.

В период переключения организма на внешнее питание особенно важно быстро подавить уровень СТГ. Этот уровень определяется в значительной степени внутренними факторами, в первую очередь концентрацией глюкозы и инсулина. Но на деятельность ГТ-ГФ-системы оказывает влияние так называемая шишковидная железа (эпифиз), возбуждающая гипоталамус при воздействии на организм внешних раздражителей – света, звука, радио, телевидения, посещения друзей и родственников и пр. Уровень СТГ при этом несколько повышается, и при прочих равных условиях затормозить его становится несколько труднее, требуются повышенные дозы глюкозы, а значит – сока, а значит – повышается риск рвоты при растягивании желудка пищей. Вот почему в период переключения (два-три дня после начала выхода из голодания) следует резко ограничить внешние раздражители, а сосредоточить свое внимание на внутреннем процессе выздоровления. Вот почему, кстати, Брэгг проводил свои длительные голодовки в одиночку. Но это можно делать относительно здоровому человеку для улучшения здоровья, и непременно уже имеющему опыт проведения длительных голодовок.

По этой же причине при длительных голоданиях, особенно впервые проводимых, раздражители нужно ограничить также и во время голодания. Повышенный уровень СТГ, который может наблюдаться при сильных внешних раздражителях, будет приводить к повышенной (сверх минимально необходимой нормы) мобилизации жиров. В результате максимально возможный срок голодания вынужденно будет сокращен, что при очень серьезных заболеваниях нежелательно, ибо чем больше срок голодания, тем более вероятно выздоровление. С другой стороны, увеличивается выброс в кровь вредных веществ, ранее находившихся в жировой ткани, что увеличивает нагрузку на почки и на иммунную систему. Поэтому естественное желание родственников "отвлечь" больного от чувства голода (которого он вообще-то почти не испытывает) в данном случае кроме вреда ничего принести не может.

Единственная задача больного в период голодания сосредоточиться на мысли о том, что больной орган выздоравливает, а все больные его клетки – уничтожаются. Это не есть сосредоточение на болезни, это должно быть сосредоточение на мысли о выздоровлении. Больной должен как можно чаще представлять себе "внутренним зрением", как вредные вещества и клетки "разваливаются" на куски и уносятся из тела.

Случай "б"

Пока есть запасы жира в тех или иных частях организма, голодание можно продолжать. Самый значительный риск состоит в том, что переход от наличия запасов жира к их отсутствию и быстрой дистрофии с необратимыми последствиями, при отсутствии знаний или практики МОЖНО НЕ ЗАМЕТИТЬ и ПРОПУСТИТЬ. Поэтому при самостоятельном голодании не следует доводить организм до крайности, если это действительно не крайний случай (туберкулез, диабет или рак) и, во всяком случае, нужно следить за весом, строя график его изменения во времени.

РЕЗКОЕ УМЕНЬШЕНИЕ ВЕСА после длительного периода относительно медленного его уменьшения свидетельствует об истощении жировых запасов и необходимости немедленного прекращения голодания.

Это резкое уменьшение веса происходит вследствие того, что после исчезновения запасов жира дальнейшее нарастание уровня СТГ приводит к началу распада гликогена в тканях, при этом выделяется примерно в 6 раз меньше энергии и требуется соответственно больше гликогена по весу. Но одновременно с этим наступает и распад самих тканей организма, который идет очень быстро, ибо белок при своем распаде дает энергии еще меньше, чем глюкоза, что и вызывает резкое снижение массы тела.

Характерным симптомом

того, что голодание нужно заканчивать (при голоданиях более 25-30 дней) является возникновение сильного чувства голода, которое исчезло на 5-6 день голодания и снова возникает к моменту необходимости его окончания. После этого голодание можно продолжать не более 2 дней!!

Вторым симптомом

того, что голодание должно быть прекращено из-за отсутствия резервов жира, является очищение языка от серо-белого налета. В процессе голодания в крови находится большое количество жирных кислот и других веществ; часть из них фильтруется через слизистую оболочку языка, образуя налет на языке.

"Загрязненность" языка является для врача обычным симптомом общего заболевания организма ("Покажите язык!"). Когда выброс жирных кислот в кровь прекращается по причине исчерпания запасов жира, язык очищается от налета и становится красным, чистым. То же может произойти и до исчерпания резервов жира, если все системы организма полностью нормализовались, как это бывает у детей при лечении их голоданием. Очищение языка от налета является признаком о необходимости окончания голодания.

Третьим решающим признаком

полного исчерпания жировых запасов является, как уже говорилось, резкое снижение веса, ранее составлявшее не более 100-200 граммов в сутки после 20-25 дней голодания. Это изменение скорости снижения веса хорошо заметно на графике, который необходимо строить, измеряя вес каждый день в одно и то же время.

> *Повторение курса лечебного голодания (согласно Ю. Николаеву) можно проводить не ранее, чем через 4-5 месяцев после окончания очередного курса.*
>
> *По всей видимости, это так, если речь идет о курсах в 25 дней и более. Судя по книге Брэгга, более короткие голодания можно проводить и чаще. Система Брэгга предусматривает 36-часовые голодания еженедельно и периодические (один раз в 3 месяца) голодания с увеличивающейся длительностью – 1 неделя, 2, 3 и 4 недели. Таким образом, в течение года – 10 недель длительного голодания, но с интервалами в 3 месяца.*

Следует при этом иметь в виду, что система Брэгга рассчитана на постепенное улучшение здоровья людей, страдающих хроническими болезнями, а система Николаева - на интенсивную терапию заболеваний, не допускающих столь длительного периода лечения.

Время выхода из голодания

Существует формулировка, пущенная в обращение с легкой руки одного из натуропатов: "Сколько дней Вы голодаете, столько же дней должны и выходить из голодания". В этой формулировке каждый находит то, что хочет найти. Одни люди видят в голодании лишь средство похудеть, и очень удивляются, когда после недельной голодовки, сбросив килограммов шесть, они восстанавливают свой первоначальный вес за две недели или менее, после чего приходят к выводу, что все это – шарлатанство.

Те, кто видят в голодании лечебное средство, очень удивляются, что поголодав 30 дней и сбросив 10-15 килограммов, они никак не могут восстановить свой первоначальный вес (который был наверняка избыточным) даже спустя два-три месяца после окончания голодания.

Есть и такие, кто, проведя лечение и хорошо запомнив упомянутую формулировку, всеми силами стараются восстановить свой первоначальный вес, и в конце концов добиваются этого, практически сведя на-нет полезный эффект лечения.

Что же следует понимать под "временем выхода из голодания"?

Для ответа на этот вопрос сначала вспомним, что такое "время вхождения в голодание".

Под временем входа в голодание обычно понимается время, необходимое организму для полного перехода на эндогенное питание, на питание за счет запасов жира, накопленных организмом. Между окончанием внешнего питания и началом полного эндогенного питания имеется промежуток времени, в течение которого часть необходимой организму глюкозы он получает за счет запаса гликогена в печени и мышцах. Поскольку гликоген менее энергоемок, чем жир, то в сутки его расходуется по весу гораздо больше, чем жира, и в первые дни организм теряет в весе быстрее, чем в последующие дни. Пока доступные запасы гликогена не израсходованы, организм не переходит полностью на жировое питание. Чем гликогена меньше, тем быстрее может осуществляться этот переход. (Хотя питание за счет гликогена тоже внутреннее, эндогенное, но это уже недостаток терминологии). Поэтому, если голодания проводятся регулярно или подряд с небольшим интервалом времени, то каждое последующее вхождение в голодание может быть по времени короче, чем предыдущее, если за интервал между голоданиями гликогена было накоплено несколько меньше, чем его было раньше.

Теперь уже можно сформулировать, что нужно понимать под временем выхода из голодания.

Прежде всего, необходимо некоторое время для того, чтобы желудочно-кишечный тракт (ЖКТ) полностью восстановил свою работоспособность. Это быстрее всего достигается путем начала питания щелочной диетой – сладкими фруктами (яблоками), глюкозой, медом в сильном разведении – для обеспечения энергетикой, и овощными соками (морковь с добавлением небольших количеств капусты, сырой свеклы и пр.) для ощелачивания крови и поставки организму строительных материалов в виде белков растительного происхождения. Ощелачивание крови является, как мы видели, необходимым условием начала пищеварительного процесса.

Для восстановления деятельности ЖКТ обычно достаточно двух-трех дней, в зависимости от состояния организма и сроков голодания. Затем, после начала нормального пищеварения, необходимо еще 3-5 дней для того, чтобы печень могла восстановить запас гликогена. В этот период вес может быстро возрасти на 2-3 кг. После этого скорость увеличения веса (при правильном, конечно, функционировании гипоталамуса и правильном питании) затормаживается. Дальнейшее его увеличение будет зависеть от образа жизни человека, его диеты и привычек. Таким образом, **независимо от срока голодания время выхода из голодания обычно составляет не более 13 дней.**

Необходимо постоянно иметь в виду, что во время полного голодания кислотно-щелочное равновесие крови сдвинуто в кислую сторону. У разных людей степень этого сдвига может быть существенно разной, причем по-разному в различное время. Главным образом это зависит от степени потери чувствительности гипоталамуса к торможению со стороны глюкозы (инсулина), в том числе и той глюкозы, которая образуется в печени при процессе неогликогенеза.

Чем больше первоначально (до голодания) была потеряна способность гипоталамуса к торможению, и чем более было выражено ожирение, тем интенсивнее проходит процесс извлечения жира из ЖТ в начале голодания, тем сильнее сдвиг баланса крови в кислую сторону, тем более вероятны различные неприятные ощущения и нежелательные явления – сердцебиение, боли в суставах, головные боли, кожные симптомы, слабость и прочее. Особенно это проявляется в период ацидотического криза.

По этой же причине **при очень сильном ожирении не рекомендуется проводить сразу длительные голодания**, а считается необходимым сбрасывать вес постепенно, короткими голоданиями по нескольку дней. Однако у этого метода есть серьезные недостатки – процесс затягивается надолго, а при кратковременных голоданиях без перехода на жировое питание процесс восстановления чувствительности гипоталамуса может вообще не начаться.

У больных, особенно впервые выходящих из голодания, наблюдается "синдром ЗЭКа" – беспокойство о том, что он будет есть в следующий прием пищи, независимо от того, сколько человек его обслуживают, и он при этом точно знает, что его покормят. Как бы это ни было смешно или раздражающе, с этим нужно мириться – это состояние пройдет через несколько дней.

Примерная диета восстановительного периода при голодании до 20-30 суток

На 1-й день даются соки (сладкий яблочный, затем морковный, затем сладкий яблочный, затем морковный) из расчета 1 литр сока в день.

Кислые соки – виноградный и пр. – недопустимы!

Сок в первый день дается разбавленным пополам с кипяченой водой. Больные начинают пить маленькими порциями по 1-2 чайных ложки через короткие промежутки времени (вначале через 5-10 минут). Постепенно количество выпиваемого за 1 раз сока и интервалы его приема увеличиваются.

В случае рвоты – смотри выше в начало раздела «Выход из голодания».

Личный опыт автора говорит о том, что в ряде случаев недопустимо при выходе из голодания применять апельсиновый и виноградный соки; так можно из голодания и не выйти.

СОК ДОЛЖЕН БЫТЬ ТОЛЬКО ЯБЛОЧНЫЙ И ТОЛЬКО ИЗ СЛАДКИХ ЯБЛОК.

Старайтесь с самого начала выхода из голодания, примерно с пятого дня, не смешивать вместе в один прием пищи соки овощей и фруктов, тем более смесь кефира с тертыми фруктами и овощами. Лучше **принять их последовательно через час малыми дозами**, чем вместе, но с интервалом в три часа.

Со 2-го дня даются цельные неразбавленные соки в количестве 1,5 литра в день. Больные принимают сок по 200-250 грамм через каждые 2 часа.

На 3-й день больные получают 500 г кефира, 500 г сока и 500 г яблок. Последние даются в очищенном и протертом виде. Больные питаются 5 раз в день через 3 часа (9-12-15-18 и 21 час). Можно отсасывать сок из сладких фруктов, но не проглатывая клетчатку.

Замечание автора: В рекомендациях книги Ю.Николаева можно встретить «смеси кефира с яблоками и морковью». Не делайте этого! Это рекомендация Ю.Николаева 50-летней давности! Не смешивайте в один прием кефир с чем-либо. Только раздельно с интервалом не менее 1 часа!

На 4-й день к указанному меню добавляется тертая свежая морковь - 250 г.

Замечание автора: Еще раз! Никаких смесей. Продукты принимаются отдельно с интервалом не менее 1 часа.

На 5-й день «смесь» – яблоки, морковь, кефир – дается в количестве на один прием: яблоки – 100 г, морковь – 100 г, кефир – 250 г. Сюда можно добавлять мед – одну чайную ложку, и сок лимона. Прием пищи 5 раз в день. На весь день к указанному рациону добавляются сухари в количестве 100 грамм.

Замечание автора: Еще раз! Никаких смесей. Продукты принимаются отдельно с интервалом не менее 1 часа.

Сухари должны быть только из белого хлеба. Причем вовсе не из всякого. Есть хлеб, который выпекается с добавлением большого количества соды. Это может привести к изжоге. При появлении этого симптома измените тип хлеба.

Черный хлеб из муки цельного помола на данном этапе принимается организмом крайне плохо.

С 6-го дня больные переходят на 4-х разовое питание (9-13-17-21 час) Каждый прием пищи начинается со смеси морковь – 150 г., яблоки – 100 г., кефир – 250 г, мед 1-2 чайных ложки, орехи 1-2 шт [лучше протертые до кашицы!].

Замечание автора: с 6-го дня можно и смеси принимать.

С 7-го дня к рациону предыдущего дня в 9 часов прибавляется каша на молоке (гречневая, овсяная), полужидкая, в количестве 200 г. без соли. Можно попробовать добавить винегрет – 200 г, но порциями примерно грамм по 100, хлеб 100 г. Обратите внимание на цвет мочи после этого. Если он не меняется на красноватый вследствие приема свеклы, значит печень работает нормально.

На 8-10 день питание то же.

На 11-й день добавляется 50г сметаны в смеси с творогом.

С 12-го дня в 13 часов добавляется картофельное пюре на молоке без соли с добавлением сливочного масла 20-30 г

К вышеуказанному питанию больные могут добавлять соки, свежие фрукты, мед, орехи под контролем врача с учетом индивидуальных особенностей больных. Для больных, длительность голодания которых не превышала 10-15 дней, восстановительная диета может быть начата с неразбавленных соков, и со 2-го дня больные могут получать диету 4-го дня восстановления.

Приведенная <u>примерная</u> диета восстановительного периода может быть изменена применительно к имеющимся возможностям и индивидуальным особенностям больного. Следует только учитывать, что содержание овощей и фруктов должно быть максимальным. Поваренная соль должна быть исключена, особенно в первой половине восстановительного периода.

Совершенно не допускается в восстановительном периоде употребление мяса, мясных продуктов, рыбы, яиц, грибов.

Больные должны есть медленно, тщательно разжевывая пищу, а также употреблять достаточное количество жидкости. При отсутствии самостоятельного стула на 4-й день необходимо сделать очистительную клизму.

Такая растительно-молочная диета продолжается примерно столько же дней, сколько больной воздерживался от пищи. Больным обычно нравится эта диета, и они стремятся по возможности сохранять ее и после лечения. Рекомендуется и в дальнейшем придерживаться растительной диеты, максимально содержащей овощи и фрукты. Значение этой диеты, помимо большого содержания в ней витаминов и минеральных солей, состоит в преобладании щелочной валентности.

Необходимо помнить, что только 10% взрослых людей нормально переваривают молоко в чистом виде. Поэтому когда авторы говорят о «молочной» диете, они чаще всего имеют в виду КИСЛО-молочную диету. Но откуда же об этом знать простому читателю?

Исходя из характера диеты и возможности максимального пребывания больных на свежем воздухе во время голодания, можно считать, что наилучшим временем года для проведения данной терапии (в средней полосе) является осенне-летний период. Однако это лечение без труда можно проводить круглый год, пользуясь в наименее благоприятное время года консервированными соками и фруктами, компотом с добавлением синтетических витаминов.

Об изменении вкусовых ощущений и восприимчивости пищи после длительного голодания

Как уже ясно из названия раздела, такое изменение действительно имеет место, причем довольно значительное. Восприятие пищи человеком после длительного голодания имеет ряд особенностей, на каждой из которых стоит остановиться отдельно.

Прежде всего, поскольку память сохраняет воспоминания о качестве пищи, которую человек получал ранее, ему хочется попробовать как можно больше разной пищи. Однако, как уже было сказано, в течение времени выхода из голодания следует жестко ограничить рацион фруктами и овощами, а также сухарями из белого хлеба, может быть слегка обжаренными в подсолнечном масле.

Через 2-3 дня следует переходить к поочередному введению в рацион по ОДНОМУ новому продукту НА КАЖДЫЙ ПРИЕМ ПИЩИ. И вот здесь человек сталкивается с тем, что он часто просто не может есть продукты, которые он ел и даже любил ранее. Большинство наших сыров, например, кажутся ему слишком солеными, и их нужно отмачивать в воде по часу и более. О соленьях, маринадах и пряностях и речи быть не может, мед кажется слишком сладким, горчичные сухари могут вызвать жжение во рту и в желудке. Мы начинаем на практике ощущать рекомендации Брэгга и Шелтона – не употреблять концентрированных сахаров и крахмалов, ограничить употребление соли и острых продуктов и так далее.

Наш организм, как организм ребенка, сопротивляется этим "продуктам питания", предпочитая простые продукты – минимально обработанные фрукты и овощи, некрахмалистые зерновые и т.д. Малейшее присутствие в пище неорганических добавок, например соды в хлебе, ощущается нами в виде изжоги или, еще хуже, болей и несварения желудка.

Равным образом болезненно может реагировать теперь организм и на неправильное сочетание даже доброкачественных продуктов, каждый из которых в отдельности вполне мог бы нормально усвоиться человеком. Отрыжка и состояние "переполненности" желудка, сопровождающие одновременное потребление белков с крахмалом, свидетельствует о неправильности пути преобразования крахмала в желудке при наличии в нем большого количества животного белка, что хорошо описано у Шелтона. Это сопровождается выделением углекислого газа (отрыжка) и спиртов (сонное состояние), которые всасываются в кровь через стенки желудка. Привычное всем состояние полного насыщения, граничащее со сном, после приема мяса с картошкой – это и есть именно такой случай. Проведите эксперимент – съешьте вдвое больше мяса, но без картошки или наоборот, много картофеля с растительным маслом, но без мяса, и вы не получите такого результата.

Наблюдая эти эффекты, возникающие после длительного голодания, многие часто делают совершенно неправильный вывод о том, что голодание принесло вред желудочно-кишечному тракту, так как организм теперь не может "без неприятных последствий" поглощать прежние продукты. И эти люди пытаются всеми способами вернуть человека к обычному питанию. Но здесь-то и зарыта собака! Сигналы организма о том, что продукты, обычно считающиеся полезными, на самом деле вредны для нас, игнорируются нами, а возникающие при этом неприятные ощущения приписываются неправильной работе желудка, а не недоброкачественному питанию. Логика как будто простая – другие-то едят и ничего!

Не нужно при этом забывать, что все люди – разные. Мы все всю жизнь едим недоброкачественную пищу, наносящую непоправимый ущерб нашему организму. Заболевают в конечном счете все – просто одни раньше, другие позже. Если вы заболели раньше остальных, но на ваше счастье сумели вылечиться с помощью голодания, вы можете смотреть на других как на потенциальных больных, или уже больных в скрытой форме. Вы уже съели за свою жизнь критическое количество "дерьма", и оно чуть не свело вас в могилу. Теперь вы здоровы. Ешьте же только то, что разрешает вам ваш организм, и не пытайтесь его больше обманывать. И знайте, что если у вас возникла изжога от творога, купленного в магазине, значит туда подмешали известку, и ваш чувствительный организм вас об этом предупреждает.

КЕФИРНАЯ ПАЛОЧКА
(раздел «открыт для критики»)

Существует немало способов обмануть организм на некоторое время, заставив его принять неподходящую пищу без слишком уж неприятных ощущений. Кроме чисто химических способов борьбы с собственным организмом («химическое оружие»), на которых подробно останавливаются Шелтон и Брэгг, существует еще один, широко распространенный и общеизвестный («бактериологическое оружие»), а именно – использование в пищу кисломолочных продуктов, в первую очередь кефира, простокваши.

ПОЛОЖИТЕЛЬНОЕ ВЛИЯНИЕ НА ОРГАНИЗМ КЕФИРНЫХ МИКРОБОВ НЕ ДОКАЗАНО.

Микробы, живущие в толстом кишечнике и разлагающие клетчатку, выполняют безусловно положительную роль, хотя и выделяют вредные для организма вещества. "Симбиоз" организма с микробами может быть для организма вынужденным – организм выработал способы нейтрализации вредных соединений, которые выделяют при своей жизнедеятельности микробы, а те, в свою очередь, поставляют организму часть продуктов, заключенных в неразрушенных зубами и желудочно-кишечным трактом клетках – их соки и другие внутриклеточные вещества. В то же время, если овощи и фрукты потребляются правильно, преимущественно в виде соков (и в минимальном кличестве в виде неразжеванных частей растений), потребность организма в деятельности микробов минимальна. Противораковая роль некоторых из этих микробов многими исследователями подвергается сомнению.

Кефирная палочка, во-первых, подавляет развитие другой кишечной палочки "палочки Е-коли", насчет которой как раз и есть подозрение, что она выделяет важные противораковые вещества. Размножаясь, кефирная палочка создает в кишечнике более кислую среду, в то время, как хорошо известно, что для правильной работы ферментов кишечника в нем должна быть преимущественно щелочная среда.

Кислая среда необходима только для работы желудка и переваривания в нем белка, и в этом кефирная палочка помочь организму не может, желудок и без нее с этим прекрасно справляется. Опыты, проводимые в лабораториях, не могут быть по аналогии перенесены на ЖКТ, ибо процессы, происходящие в кишечнике, гораздо более сложны и автоматически зарегулированы.

Нахождение кефирной палочки в желудке, что имеет место при приеме кефира перед едой или после нее, несколько задерживает разложение сахаров и крахмалов, попадающих в желудок вместе с белками при неправильном сочетании пищевых продуктов, и таким образом несколько нейтрализует это неправильное сочетание.

Представляется поэтому, что преувеличенная полезность роли кисломолочных продуктов связана с их нейтрализующим влиянием в случаях неправильного приема пищи, и в то же время вредная роль кефирной палочки может недооцениваться. Поэтому ее использование можно отнести к биологическим методам борьбы с неправильным питанием. В то же время, устранив неправильное питание, мы тем самым избавляемся от необходимости применения этих методов, освобождаемся от "полезной" кисломолочной диеты.

Опыт автора говорит о том же. До первого в своей жизни голодания сам я очень любил кефир, и даже такую адскую смесь как "фруктовый кефир" (от которого, как выяснилось впоследствии, у одной из наблюдаемых мною женщин в период лактации у ребенка возникла сильнейшая аллергическая сыпь на коже). После проведенной трехнедельной голодовки и последующего перехода на раздельное питание по Шелтону потребность в кефире совершенно исчезла, и он кажется мне очень невкусным. Роль кефирной палочки сводится, поэтому, главным образом к разложению в тонких и толстых кишках остатков пищи.

Последующие голодания это подтвердили.

НЕКОТОРЫЕ РЕКОМЕНДАЦИИ
по правильному питанию
после выхода из голодания
ВНИМАНИЕ!

*** Соки - это питание! Нельзя пить соки между едой! Пейте фруктовый сок за 30-40 минут до еды или утром натощак ВМЕСТО завтрака. Овощные соки – это еда! Пейте овощной сок вечером перед употреблением белка минут за 20.

* Во всех случаях (кроме раннего утра) при приеме пищи первым идет овощной сок.

* Основной режим :

УТРОМ – фрукты или фруктовые соки, сладкие овощи.

ЧЕРЕЗ 2 часа – овощной салат с крахмалами (картофель, рис)

ОБЕД – преимущественно крахмалы и растительные жиры

УЖИН – преимущественно белки.

* Употреблять отдельно:

молоко (с осторожностью, помня о том, что Вы можете не входить в 10% счастливчиков, способных потреблять молоко); кисломолочные продукты концентрированные сахара, варенье, **джемы – только с чаем**, отдельно от другой пищи; **дыни, виноград** – отдельно **до еды** за 15-20 минут , но никогда после еды, в том числе и чай.

Не запивайте еду чаем! Вы нарушаете работу желудка!

ИСКЛЮЧИТЬ!

* КОНСЕРВЫ – по возможности любые, в том числе и фруктово-овощные

* БУТЕРБРОДЫ (можно хлеб с маслом)

* МАЙОНЕЗ

* ЖАРЕНОЕ МЯСО И ЯИЧНИЦЫ

* КОТЛЕТЫ, СОСИСКИ, САРДЕЛЬКИ – это смеси мяса с крахмалом

Вареная колбаса – то же.

Пельмени, беляши, пирожки с мясом даже домашние – то же.

* Десерты после еды
СМЕСИ ТИПА:
- булочки с начинкой
- сырки с изюмом
- мясо с кислыми соусами (можно мясо с черносливом)
- торты, пирожные в любом виде
* Мороженое и сильно охлажденные напитки

КАК ПИТЬ ЧАЙ
ОТДЕЛЬНО ОТ ДРУГОЙ ПИЩИ ПОСЛЕ ЕЕ ПЕРЕВАРИВАНИЯ!

*после овощей – не ранее 1 часа
*после крахмалов – не раньше 2 часов
* после белков – не раньше 3 часов
*после рыбы – не раньше 2 часов
*после растительных белков (орехи, хлеб) не раньше 2 часов
* после мяса – 3 часа
* после вареных яиц – не раньше 4 часов
* С чаем вместе либо только сахара – варенье, орехи в сахаре, джемы, либо только крахмалы – печенье, пирог

НИКОГДА БОЛЬШЕ НЕ УПОТРЕБЛЯЙТЕ БУТЕРБРОДЫ С КОЛБАСОЙ, СЫРОМ, ИКРОЙ

Основные рекомендации по правильному питанию прямо следуют из изложенных в Главе 1 принципов переработки и усвоения питательных веществ в организме, и полностью соответствуют принципам, сформулированным Шелтоном в его книге о раздельном питании.

Рекомендуемое Брэггом распределение типов пищи в течение дня, а именно: **УТРОМ ФРУКТЫ, В ОБЕД КРАХМАЛЫ, ВЕЧЕРОМ БЕЛКИ** имеет рациональное физиологическое обоснование.

Употребление в течение дня сахаров и крахмалов (при подвижном образе жизни и большой нагрузке) не только позволяет обеспечить организм энергетически, но и производится с прицелом на их преимущественное расходование именно на энергетические цели, а не на накопление жира. Потребление белка как строительного материала целесообразно именно "в ночную смену". При этом белок почти не идет на образование жировых запасов, а кроме того, поскольку он находится в желудке от 3 до 4 часов, ночью создаются максимально благоприятные условия для его усвоения.

Если же изменить последовательность на обратную, как это часто принято в России: утром яичница (чтобы побыстрее), в обед мясо (чтобы поплотнее поесть), а вечером легкая закуска вместо ужина (чтобы цыган не приснился) или картошка (что жена может приготовить), то, во-первых, для обеспечения энергетических потребностей организма в течение дня печень должна переработать белок яиц и мяса в глюкозу, что увеличивает нагрузку на нее, и не слишком эффективно энергетически, а во-вторых, получение вечером большого количества энергетической пищи в условиях пассивности и отдыха с неизбежностью ведет к утилизации глюкозы преимущественно в жировой ткани. Это самый прямой путь к ожирению.

Известная же китайская пословицах "Завтрак съешь сам, обед раздели с друзьями, а ужин отдай врагу своему!" основана на преимущественном потреблении китайцами риса, в большой степени содержащего крахмал. Ясно, что такая пища именно так и должна потребляться, если нет другой, малокрахмалистой и белок-содержащей, которую можно было бы съесть за ужином без вреда для здоровья.

Конечно, если вы – рабочий или служащий, то трехразовое питание для вас – обычная вещь. Но при этом вы после каждого приема относительно большого количества пищи "загоняете" рабочую точку вашей системы питания в крайнюю правую область, перегружаете поджелудочную железу и всю систему питания, и три раза в день создаете условия для развития ожирения. Кроме того, что вы потребляете много еды в один прием, но и усвоение пищи происходит не самым лучшим образом. И, наконец, **пресловутый чай, который нас приучили пить в конце чуть ли не каждой еды.**

"Английский" режим питания в этом смысле гораздо более правильный. Во-первых, прибавляется еще два приема пищи – второй завтрак (ленч) и в пять часов дня – чай с молоком или небольшим количеством сладкого, называемый "файв-о-клок". Это позволяет не переедать в каждый прием пищи (известный английский принцип – вставать из-за стола с ощущением, что еще что-нибудь съел бы...). Все это позволяет системе питания организма работать вблизи рабочей точки РТ-1, в самом оптимальном режиме. Это позволяет, кроме того, не пить чай сразу же после еды, не разбавлять им желудочный сок и не создавать проблем желудку. Стакан грейпфрутового сока с самого утра за полчаса-час до легкого завтрака также полезен, и даже не столько из-за самого сока, сколько из-за его места в этом режиме.

Наконец, частые приемы пищи позволяют не смешивать белки, жиры и углеводы в каждом приеме, а разделить их прием во времени.

Внушенная советским людям мысль о том, что так, мол, живет буржуазия, которая с жиру бесится, а рабочий класс так жить не может и не хочет – мысль преступная по отношению к здоровью людей. Многие английские учреждения и даже производства уже давно перешли на такой режим. Это не режимы аристократа и рабочего, а режим свободного человека (озабоченного состоянием своего здоровья) и режим ЗЭКа, раба (которому на свою жизнь и здоровье наплевать, так она ему по-существу не принадлежит). В результате проникновения этой «буржуазной идеологии» в сознание масс, вы в Англии редко встретите тучного человека, а если встретите, то с большой вероятностью это будет немец, американец или русский.

Идея приема за один раз "полного набора" питательных веществ настолько укоренилась у нас в сознании, что даже Ю.Николаев во время восстановительного периода лечения рекомендует совершенно немыслимые для Шелтона смеси молочных и молочнокислых продуктов с фруктами и овощами. Впечатление создается такое, как будто он больше заботится о режиме кухонного блока больницы, чем о здоровье пациентов.

Трехразовое питание поэтому не может быть полноценным В ПРИНЦИПЕ. Дети инстинктивно стремятся есть понемногу, но мы постоянно внушаем им, что "кусочничать" вредно и неправильно. И это действительно так, если в перерывах между тремя приемами пищи они жуют сухари вместо того, чтобы выпить стакан СВЕЖЕГО сока. Но откуда взять его в городе Кемерово в самом конце XX века?

"Что это за доктора,
которые даже насморк не могут вылечить?"
Наполеон Бонапарт

ЛЕЧЕНИЕ "ПРОСТУДНЫХ ЗАБОЛЕВАНИЙ"

Так называемые "простудные заболевания" типа ОРЗ, ангин, гриппа и пр. являются наиболее распространенными и, с точки зрения возможных осложнений, весьма опасными, так как при этих заболеваниях часто применяются совершенно не соответствующие характеру и тяжести болезни медикаментозные средства (сульфаниламиды, антибиотики), о чем идет речь ниже в разделе «Лекарство – польза и вред». В силу их распространенности и совершенно неприемлемых методов их лечения, остановимся на этом подробнее.

Заболевания этого рода в 90 случаях из ста имеют причиной дисбактериоз кишечника – изменение состава и количества кишечной флоры. В результате неправильного или некондиционного питания, а также, возможно, в результате приема ранее других медикаментов, или даже повышенного процента хлорирования водопроводной воды в весенне-летний период, состав кишечных микробов может сильно меняться. Усиленное размножение (преимущественно в толстом кишечнике) несвойственных данному человеку микробов приводит к повышенному выделению ими ядовитых отходов своей деятельности, которые всасываются стенками кишечника и попадают в кровь.

Иммунная система организма вначале реагирует на эти вещества обычным образом, пытаясь связать и нейтрализовать их. Большое количество этих веществ приводит и к большому количеству продуктов их распада, которые накапливаются в крови, и не успевают выделяться почками, вследствие чего они проходят в лимфатические сосуды и выделяются на слизистой оболочке горла, носа кожи и даже кишечника. Для поверхностных клеток эти вещества являются чужеродными; поэтому нарушаются обменные процессы в этих клетках и возникает воспаление слизистых оболочек, причем в заранее непредсказуемых формах – возможно как усиленное слизеотделение, вызывающее насморк, так и, наоборот, ослабление его (сухость во рту). Дальнейшее накопление этих веществ в клетках организма приводит к "включению" так называемой второй иммунной системы – повышается температура, с помощью чего организм стремится ускорить распад и выделение отравляющих веществ.

Внешне же дело обстоит так, будто человек или был в контакте с больным человеком, или промочил ноги, или его продуло ветром или... Это лишь внешние совпадения или явления, способные "спустить курок", дать начало уже подготовленному, заряженному процессу. Как уже указывалось, нельзя охладить организм хотя бы на десятую долю градуса, только лишь промочив ноги.

Устранить заболевание можно, только устранив его причину и главные следствия. Для этого в первую очередь необходимо очистить кишечник от микробов, а кровь и лимфу – от вредных выделенных ими веществ.

ПОРЯДОК ДЕЙСТВИЙ ПО УСТРАНЕНИЮ ТАК НАЗЫВАЕМЫХ "ПРОСТУДНЫХ ЗАБОЛЕВАНИЙ"

1. Мощная очистительная клизма в соответствии с разделом этой книги "Рекомендации по постановке клизмы".
2. По окончании клизмы вымыть ванну, наполнить ее водой с температурой 38,0-38,5°С , но не выше 39°С. Температуру лучше измерять медицинским термометром, каждый раз стряхивая его (он гораздо более точный, чем обычно применяемый спиртовой термометр для ванн.) При этом проследите за тем, чтобы вода в самом начале не была слишком горячей, не более 42°С, чтобы не испортить термометр.

Сесть в теплую воду ванны, чтобы все тело было в воде. Руки можно оставить на поверхности. Сидеть в воде до тех пор, пока не начнется обильное потоотделение с лица и рук. Обычно это происходит через 5-10 минут после начала ванны. Пот должен быть очень сильным, "лить ручьем". При этом следите за температурой воды в ванной – от 38°С до 39°С градусов, не больше и не меньше. Больше – для первого раза опасно, а меньше – менее эффективно. Если В СОСТОЯНИИ СИЛЬНОГО ПОТООТДЕЛЕНИЯ вы просидите хотя бы 15 минут (но не более 20 минут для первого раза), то вы – герой, и можете считать, что вы в основном уже вылечились. За сердце не беспокойтесь, ничего не произойдет, температура вашего тела не выше 38,5°С, что можно проверить, подержав градусник во рту. Но на всякий случай приготовьте валидол, если вам кажется, что сердце у вас слабое.

Хорошим контрольным параметром во время теплой ванны является частота вашего пульса. Возьмите в ванну часы и через каждые пять минут проверяйте пульс. Частота пульса при температуре ванны около 39°С обычно не превышает 120 ударов в минуту – это верхний безопасный предел. Если пульс выше, то необходимо уменьшить температуру воды.

ВНИМАНИЕ !
ОЧЕНЬ ВАЖНО !

Ни в коем случае не закрывайте дверь в ванну, оставьте ее приоткрытой. Вам нужен чистый воздух! Простудиться в этом режиме невозможно. Если имеется неприятное ощущение от холодного воздуха, то закройте в ванной занавеску, но не дверь!

Предупредите близких, чтобы они периодически, минут через пять, наблюдали за вашим состоянием.

НИ В КОЕМ СЛУЧАЕ НЕ ДЕЛАЙТЕ ВСЕГО ЭТОГО В ОДИНОЧКУ!
ДОМА ОБЯЗАТЕЛЬНО ДОЛЖЕН КТО-НИБУДЬ БЫТЬ!

П О М О Щ Ь
ВЫХОДИТЕ ИЗ ВАННЫ ОБЯЗАТЕЛЬНО ПОД КОНТРОЛЕМ ДРУГОГО ЧЕЛОВЕКА И ОЧЕНЬ МЕДЛЕННО, чтобы избежать обморока.

Откройте спуск воды из ванны, сначала сядьте в ванне, посидите, потом очень медленно сядьте на бортик ванны, посидите, и только потом вылезайте из нее.

В случае обморока ваш помощник, предварительно проинструктированный на этот случай, не впадая в панику, должен немедленно направить на вас холодный душ, и вы тут же придете в сознание. Воду с пола уберут после, ни в коем случае не наклоняйтесь.

Обязательно все время дверь должна быть приоткрыта для доступа воздуха в ванную комнату. Помните, что "простудиться" больше, чем вы уже "простужены", вы не можете.

Затем можно обтереться, не обязательно насухо, **одеть махровый теплый халат** или завернуться во что-нибудь теплое, и лечь в постель под два теплых одеяла, оставив снаружи только голову, обмотанную полотенцем. В этом состоянии вы будете потеть еще час-полтора. Если и когда почувствуете холод от влажной одежды, смените ее.

Если до процедур у вас не было температуры, то понаблюдайте за ней. Сразу после ванны она будет примерно 38°C, но постепенно начнет снижаться. Встать с постели, если это необходимо, можно после того, как она снизится до 36,8°C.

Если до процедуры температура была, то за ней не стоит следить, но при вставании с постели помощник должен подстраховать вас на случай головокружения.

ДАЛЬНЕЙШИЙ ХОД ЛЕЧЕНИЯ

Если указанная процедура делается вечером, то утром клизму нужно ПОВТОРИТЬ. Можно повторить и прогрев в ванне, если есть силы и желание быстрее поправиться. Обычно при второй клизме из организма удаляется также достаточно большое количество отходов. Если первая процедура делалась утром, то повторить ее нужно вечером. После первой же клизмы перестаньте что-либо есть. Пейте только воду, можно минеральную, лучше типа «Боржоми», но не ЕССЕНТУКИ, не сероводородную (!!!) Обычно после первой клизмы есть и не хочется. Но если вы не можете терпеть, то пейте слабый сладкий чай, если не предусматривается длительная голодовка.

Если же есть сила воли, то можно отказаться и от чая, ведь нужно потерпеть всего сутки. Обычно через 24 часа, а то и раньше, после второй клизмы, человек чувствует себя здоровым, и насморк прекращается, а температура пропадает. Если же болезнь продолжается спустя 24 часа после второй клизмы, то утром следующего дня клизму и теплую ванну следует повторить. Таким образом, на ликвидацию "простуды" уходит чуть больше суток. Если эффекта не получается, следует пригласить врача, но лишь для ДИАГНОСТИКИ и освобождения от работы, А НЕ ДЛЯ ЛЕЧЕНИЯ, после чего продолжить курс голодания, но уже без сладкого чая, а только лишь на воде или моче при 97% гарантии, что на третий день лечения все пройдет.

ВОЗВРАТ К НОРМАЛЬНОМУ ПИТАНИЮ

Возврат к нормальному питанию в данном случае (1-3 дневное голодание) должен начинаться со стакана свежеотжатого яблочного сока, через 2 часа – еще стакан яблочного сока (оба профильтрованы от мякоти сквозь несколько слоев марли или тонкую тряпочку). Яблоки должны быть сладкие, не антоновка!!!! После этого принять заранее заготовленную одну таблетку типа "Гастрофарм" (их названия все время меняются), размолотую в порошок и разведенную в чашке воды, для восстановления кишечной флоры.

Затем постепенно в течение 2-4 часов выпить бутылку обычного (не фруктового или еще какого-нибудь) кефира, можно с сахаром, для подавления остатков вредной кишечной микрофлоры, затем через 2 часа еще одну таблетку "Гастрофарма". Эта процедура поможет восстановить нормальный состав кишечной микрофлоры.

Затем через 15-20 минут стакан нефильтрованного морковного сока, еще через 2 часа стакан нефильтрованного яблочного сока, после чего овсяная каша на воде, и можно переходить к нормальному питанию. Этот порядок нужно сохранить даже в том случае, если вы не принимали пищу всего сутки. Это не выход из голодания, потому что вы в него и не входили, а **режим борьбы с дисбактериозом кишечника**, режим замены ранее бывшего типа кишечных микробов на нормальный их состав.

ИЗ КНИГИ НИКОЛАЕВА И НИЛОВОЙ
«ГОЛОДАНИЕ РАДИ ЗДОРОВЬЯ»
(Только для сведения! С учетом ранее указанных поправок!)

Основы физиологии голодания **были изучены в экспериментах на животных** в прошлом столетии Шосса, Фойтом, В.А.Манассеиным, В.В. Пашутиным и его учениками. Было установлено, что полное голодание с потерей веса до 35-40% от исходного характеризуется обратимостью происходящих изменений, и что период откармливания животных после голодания характеризуется процессом усиления регенерации тканей, быстрым восстановлением веса тела.

Особенности физиологических и биохимических процессов у людей в период полного воздержания от пищи... состоят в том, что во время голодания происходит процесс адаптации к эндогенному (внутреннему) питанию, характеризующийся снижением окислительных процессов и основного обмена, минимальной тратой белков и преимущественным использованием жировых запасов.

Голодание с применением воды переносится гораздо легче, чем голодание без нее. При голодании без воды расщепление тканей происходит более интенсивно, так как путем окисления содержащегося в тканях водорода до воды восполняется недостаток последней. Вполне естественно, что при голодании вес тела непрерывно падает. Наибольшая потеря веса наблюдается в самый первый период голодания, затем потеря веса в каждый равный промежуток времени уменьшается. На интенсивность потери веса при голодании влияют многие внешние и внутренние факторы: температура, влажность и чистота воздуха, состояние нервной системы, физическая нагрузка и пр. Как правило, чем моложе организм, тем интенсивнее он теряет вес при голодании.

Резкое падение веса в первые дни голодания объясняется использованием в это время безазотистых, а именно – углеводных запасов, в частности, гликогена печени. После относительного использования углеводных запасов интенсивность потери веса значительно уменьшается.

Переход на преимущественное использование жира выражается в значительном уменьшении "дыхательного коэффициента". Как известно, окисление жира при недостаточном количестве углеводов затруднено (*загадочная фраза* "жиры сгорают в огне углеводов"), при этом образуются продукты неполного окисления жира, так называемые кетоновые тела (ацетон, ацетоуксусная кислота, бетаоксимасляная кислота), что способствует возникновению ацидоза. Однако, благодаря ряду защитных механизмов, в частности, использованию в качестве щелочи аммиака, образующегося в результате распада белка, наличию в крови бикарбонатных и других буферных систем, кислотно-щелочное равновесие крови при голодании изменяется мало, и ацидоз у человека всегда носит компенсированный характер. Поэтому возможность возникновения ацидотической комы (как, например, при сахарном диабете) при полном лечебном голодании в принципе исключается.

Тем не менее, несмотря на все компенсаторные механизмы, ацидотический сдвиг при полном голодании все же нарастает, достигая обычно максимума на 7-9 день голодания. Этот период характеризуется значительным падением щелочных резервов крови, увеличением содержания кетоновых тел в моче и крови, пониженным количеством сахара в крови. Субъективно человек в этот период может испытывать плохое самочувствие, головную боль, тошноту, подавленное настроение, различные неприятные ощущения в теле. При продолжении голодания обычно довольно быстро в один день или даже несколько часов явления ацидоза резко пропадают, что соответствующим образом отражается на клинических и лабораторных показателях. В литературе этот период компенсации ацидоза получил название "ацидотического криза". В основе последнего лежит один из главных механизмов приспособления организма к режиму полного голодания... Сущность этой перестройки заключается в возникновении синтеза гликогена из жира, что при обычном питании не свойственно человеку, так как углеводы поступают с пищей в достаточном количестве. После такого приспособления к эндогенному питанию человек может воздерживаться от приема пищи и существовать без каких-либо вредных для себя последствий до тех пор, пока у него имеются энергетические ресурсы. Только после израсходования последних наступает истинное голодание, которое быстро ведет к разрушению тканей.

При переключении на эндогенное питание организм приспосабливается к наиболее экономным тратам энергии, наступает общая заторможенность, пульс и дыхание становятся реже, периферические сосуды суживаются, артериальное давление слегка понижается.

На основе исследований И.П. Павлова и его школы известно, что начиная, с 7-9 дня полного голодания желудочная пищеварительная секреция полностью прекращается, а вместо нее появляется так называемая <u>спонтанная желудочная секреция</u>.

Образующийся секрет содержит большое количество белков, которые вновь всасываются через слизистую желудка в кровяное русло.

Образование и использование спонтанной желудочной секреции при голодании является важным приспособительным механизмом, который снижает потерю белков и обеспечивает организм постоянным притоком аминокислот – пластического материала, используемого для построения и воссоздания белков наиболее важных органов.

В процессе лечебного голодания наблюдаются две выраженные тенденции, постоянно взаимодействующие между собой: с одной стороны разрушительная, так как организм, лишенный внешнего питания, вынужден существовать за счет собственных запасов, а с другой – созидательная, поскольку голодание является мощным стимулом для мобилизации защитно-приспособительных реакций, которые были выработаны и закреплены в процессе эволюции животного мира.

Комплексные исследования последних лет ... позволяют рассматривать лечебное голодание как охранительно-стимулирующую терапию, сочетающую в себе с одной стороны – охранительное торможение, а с другой – активацию элементов неспецифической реактивности с тенденцией к нормализации обменных процессов.

Имеются данные, указывающие, что при полном дозированном голодании без ограничения приема воды осуществляется усиленное выведение подуктов метаболизма – шлаков, тормозящих внутриклеточный обмен. После прекращения голодания наблюдается усиленное самообновление тканей, выражающееся, в частности, в повышении регенеративной активности. Последнее было отчетливо прослежено Ю.Л.Шапиро при изучении системы крови. Во время полного голодания состав периферической крови существенно не изменяется; сохраняется нормальное количество эритроцитов и гемоглобина, лейкоцитов и тромбоцитов. Однако, морфологический гомеостаз и сохранность процесса гемоглобинизации достигаются за счет мобилизации многочисленных компенсаторных механизмов, в частности, за счет приспособительных сдвигов в костномозговом кроветворении. **После прекращения голодания наблюдаются усиление регенеративных процессов в костном мозге, увеличение количества делящихся клеток и т.д. Показатели регенерации кроветворения в периферической крови как правило в 1,5-3 раза превосходят исходные цифры. Максимум регенеративных проявлений обнаруживается примерно через 10-20 дней после прекращения голодания.**

Возникающие во время полного голодания функциональные сдвиги в конечном счете отражают изменение реактивности организма. Так например, наблюдающиеся иногда в период нарастающего ацидоза временное обострение симптомов ранее перенесенных заболеваний, является ни чем иным, как проявлением повышенной сопротивляемости организма к скрытым очагам интоксикации.

Параллельно сдвигам в обмене веществ отмечаются изменения в динамике соматического и психического состояния больных. Есть основания полагать, что ацидотический криз является одним из наиболее решающих моментов в переключении организма на эндогенное питание... .сам по себе ацидотический криз должен рассматриваться как один из основных терапевтических факторов. Выраженность его проявления служит благоприятным прогностическим показателем. Многие из дополнительных мероприятий применяются с целью индивидуальной регуляции ацидотического сдвига... Ацилотический криз со всеми его компонентами, в частности, с компенсацией ацидоза, возникает только при полном голодании. Достаточно поступления в организм небольшого количества углеводов, чтобы ацидотического криза не произошло. В последнем случае быстро появляются явления дистрофии, тогда как при полном голодании в пределах допустимых сроков (в отличие от частичного, неполного голодания) дистрофических явлений не наблюдается.

МЕТОДИКА ЛЕЧЕНИЯ ДОЗИРОВАННЫМ ГОЛОДАНИЕМ И РЕЖИМ ПОСЛЕДУЮЩЕГО ПИТАНИЯ

Для лечения дозированным голоданием выделяется специальная палата. Предварительно получается согласие больного и его родственников на данный вид терапии. Проводятся все клинические и лабораторные исследования, в том числе – анализ крови на сахар, билирубин, протромбиновый индекс, ЭКГ. Затем больной прекращает прием пищи.

В большинстве случаев бывает целесообразно сразу осведомлять больных о предполагаемых сроках воздержания от пищи, что соответствующим образом их мобилизует и создает нужную установку. При этом важно сохранить для больного принцип добровольности. Длительность воздержания от пищи дозируется индивидуально, в зависимости от возраста, упитанности, особенностей заболевания. При психических заболеваниях в большинстве случаев проводится курс лечебного голодания в 20-30 дней и лишь отдельным больным – 35-40 дней.

В общей сложности за весь период голодания больные теряют в весе в среднем 15-20% от первоначального веса. На время голодания прекращается применение каких-либо медикаментов. Категорически запрещается курение табака. В исключительных случаях допустим прием снижающихся доз медикаментов в первые дни голодания.

Количество выпиваемой за день жидкости должно быть неограниченным, не менее одного-полутора литров. Перед началом голодания больному очищается кишечник путем назначения большой дозы слабительной соли – сернокислой магнезии 40-60 граммов (обычная доза сернокислой магнезии часто не оказывает надлежащего действия, вызывает неприятные ощущения со стороны желудочно-кишечного тракта и требует повторного приема слабительного).

В течение всего периода голодания соблюдается следующий режим дня. Утром делается очистительная клизма из 1-1,5 литров воды температуры тела, окрашенной до розового цвета марганцовокислым калием. После действия клизмы больные получают общую ванну с температурой 36,5-37 градусов в течение 15 минут. Непосредственно после ванны делается общий давящий массаж, при котором желательно достигнуть гиперемии кожи, особенно в области позвоночника, его грудного и шейного отделов. Массаж проводится с мылом, которое смывается затем в ванне или под душем. Физически крепким больным можно массаж чередовать с душем Шарко.

После водных процедур больные пьют навар шиповника или воду и отдыхают в постели 20-30 минут, затем идут на прогулку. В зимнее время необходимо тепло одеваться, так как во время голодания ощущается повышенная зябкость. На прогулке больные проводят комплекс свободных дыхательных и гимнастических упражнений. Рекомендуется двигаться умеренно, не вызывая значительного утомления. Прогулка продолжается до 13-14 часов. Затем больные возвращаются в палату (желательно, когда уже закончится время обеда больных, находящихся на восстановительном питании, чтобы избежать условно-рефлекторных раздражений) отдыхают в течение часа и затем опять идут на погулку до 20-22 часов летом и до 16-18 часов вечере зимой. Все свободное ото сна и прогулок время важно занять легким трудом, чтением, настольными играми и пр.

На ночь больные пьют, чистят зубы, полощут горло. Спят по возможности при максимальной вентиляции палаты, в зимнее время тепло укрытые.

Обычно в первые 3-5 дней голодания у больных исчезает аппетит, затухают все натуральные пищевые условные рефлексы. Больных уже не раздражает запах и вид пищи, звук тарелок и пр. Однако приятные воспоминания о еде остаются постояннно, особенно, если больные не отвлекаются от мыслей о пище. При этом большое значение имеет установка больного на лечение и доверие к врачу. Здесь важную роль играет психотерапия. Большое значение имеет контакт больных с другими людьми, уже получившими положительный эффект при голодании. В отделении у больных и персонала быстро создается положительное отношение к лечению голоданием, и роль врача при этом значительно облегчается. Психотерапия врача сводится к объяснению больным цели проводимых мероприятий, в частности, необходимости прогулок и ограничения лежания в постели, а также объяснение субъективных ощущений, возникающих во время лечения. После ацидотического криза настроение больных значительно улучшается, и они охотно продолжают голодание.

На 2-3 день голодания одновременно с исчезновением аппетита у больных обычно язык покрывается белым или серым налетом, появляется слизь на губах и неприятный запах изо рта. При этом важно постоянно следить за гигиеной полости рта, чистить зубы мягкой щеткой, зубным порошком, полоскать горло раствором борной кислоты или марганцовокислого калия. При очень интенсивном налете можно и язык слегка почистить мягкой щеткой. Губы во время голодания становятся сухими, поэтому рекомендуется их смазывать вазелином, ланолином или сливочным маслом.

С 5-6 дня воздержания от пищи помимо воды и отвара шиповника желательно давать боржом (до 1 литра), дозируя его индивидуально, в зависимости от желания больных. Однако, употребление только одного боржома часто вызывает отрицательное отношение к нему из-за появления тошноты, что мешает пользоваться боржомом в дальнейшем.

Клиническими показателями завершения голодания являются: возникновение аппетита и свежего цвета лица, очищение языка от налета, исчезновение неприятного запаха изо рта и почти полное прекращение выделения кала с клизмой. Однако иногда, по целому ряду обстоятельств, приходится начинать кормить больных раньше появления этих признаков, что все же не исключает возможности получения положительного результата лечения при условии, что продолжительность голодания была достаточной и миновал ацидотический криз.

С прекращением голодания отменяются клизмы, ванны и массаж. На первые 2-3 дня назначается полупостельный режим. Начинать кормление больных нужно лучше всего с только что приготовленных фруктовых или овощных соков. При отсутствии таковых можно пользоваться стерилизованными консервированными соками.

Комментарий автора

Приведенный большой отрывок из книги Ю.Николаева нуждается в комментариях. Внимательный читатель мог уже и сам заметить некоторые места у классика, несколько не соответствующие изложенной нами ранее гипотезе о том, почему помогает лечебное голодание. Уточним эти места.

"Голодание с применением воды переносится гораздо легче, чем голодание без нее".

Это верно, если голодание проводится впервые или первые несколько раз. Каждое следующее голодание может значительно отличаться от предыдущего, как по существу происходящих процессов, так и по ощущениям. Мой собственный опыт говорит о том, что третью голодовку без воды я переносил значительно легче, чем первую с водой.

Резкое падение веса в первые дни голодания имеет причиной также и выход большого количества кала с клизмами.

"Временное обострение симптомов ранее перенесенных заболеваний".

В настоящее время многие специалисты признают, что при заболеваниях организма и борьбе иммунной системы с интоксикацией и "лечебными препаратами", в различных местах организма, но главным образом в жировых клетках (в их липидных пузырьках) откладываются различные вещества – продукты этой борьбы. Они могут находиться там в законсервированном, заблокированном, связанном виде даже многие годы. Во время голодания жиры интенсивно расходуются, липидные пузырьки растворяются, эти вещества выбрасываются в кровь и могут вызывать симптомы прежних заболеваний. Не следует, однако, пугаться, это всего лишь симптомы, это есть реакция иммунной системы на их появление в крови, точно такая же реакция, как была в свое время, когда иммунная система с ними боролась во время прежних заболеваний. Этих веществ сейчас в организме осталось не очень много, иммунная система с ними успешно справляется, тем более что во время голодания ее действие обостряется. Эти симптомы обычно исчезают за 1-3 дня. Помочь иммунной системе можно только "ощелачиванием" крови питьем щелочных вод, что создаст для антител иммунной системы лучшие условия их деятельности.

НИ В КОЕМ СЛУЧАЕ НЕ ПРИМЕНЯЙТЕ НИКАКИХ ЛЕКАРСТВЕННЫХ ПРЕПАРАТОВ ДЛЯ "ЛЕЧЕНИЯ" ЭТИХ СИМПТОМОВ, даже горчичников! Организм справится сам.

"Массаж проводится с мылом, которое смывается затем в ванне или под душем".

Старайтесь не применять мыла на тело во время голодания. Лучше три раза принять душ, чем один раз намылиться. Мыло не остается на поверхности, оно проникает в кожу с непредсказуемыми последствиями. Данная рекомендация Николаева относится ТОЛЬКО к периоду ПОДГОТОВКИ к голоданию.

Личный опыт автора говорит о том, что в ряде случаев невозможно при выходе из голодания применять апельсиновый и виноградный соки. Так можно из голодания и не выйти. СОК ДОЛЖЕН БЫТЬ ТОЛЬКО ЯБЛОЧНЫЙ И ТОЛЬКО ИЗ СЛАДКИХ ЯБЛОК.

Старайтесь с самого начала выхода из голодания, примерно с пятого дня, не смешивать вместе в один прием пищи соки овощей и фруктов, тем более смесь кефира с тертыми фруктами и овощами. Лучше принять их последовательно через час малыми дозами, чем вместе, но с интервалом в три часа.

Режим Николаева рассчитан на одновременное лечение многих больных в условиях клиники. Вы же голодаете в одиночку, и поэтому вам не обязательно принимать пищу только три или четыре раза в день, как этого требует коллективная кухня. То же касается и чая. Только не пейте чай сразу же после еды, этим вы разбавляете желудочный сок и создаете для систем питания дополнительную нагрузку.

Приложение

ЛЕКАРСТВО - ПОЛЬЗА И ВРЕД
Из книги Н.И.Грачевой и И.Н.Щетининой
"Клиническая химиотерапия инфекционных болезней"

Наряду с пользой, приносимой лечебными препаратами вообще и химио-терапевтическими средствами в частности, нельзя не отметить, что на пути химиотерапии в настоящее время появился серьезный тормоз в виде так называемой лекарственной болезни, развитие которой само по себе крайне нежелательно, а иногда и просто опасно. Недаром все чаще раздаются голоса, что мы живем в век все более безопасной хирургии и все более опасной терапии. Присоединение лекарственной болезни значительно утяжеляет течение основной патологии, затрудняет диагностику и особенно лечение.

В литературе до последнего времени можно встретить различные термины для обозначения осложнений при лечении лекраственными препаратами: побочные действия, сверхчувствительность, идиосинкразия, лекарственная аллергия и так далее. Нам кажется, что термин "лекарственная болезнь", предложенный еще в 1901(!!) году отечественным терапевтом Е.А.Аркиным и возрожденный Е.М.Тареевым (1955), наиболее удачен, так как отражает весьма серьезные патологические процессы в организме человека, возникающие в результате введения различных лекарственных препаратов.

При таком представлении нельзя пользоваться термином "побочное действие", так как он не отражает всей глубины изменений в организме больного; нельзя пользоваться и другими понятиями (сверхчувствительность, идиосинкразия или лекарственная аллергия), которые подчеркивают лишь важное значение аллергических реакций при развитии лекарственной болезни, но не являются единственными патологическими проявлениями. В патогенезе лекарственной болезни наряду с аллергическими реакциями необходимо учитывать аутоиммунные процессы, нейрогуморальные изменения, развитие дистрофических процессов, лекарственного дисбактериоза, нарушение защитных компенсаторных механизмов и т.д. Только с учетом всех факторов можно представить развитие тех изменений в организме больного в процессе применения разнообразных лекарственных средств, которые мы считаем проявлениями лекарственной болезни.

В последние 20 лет проблема лекарственной болезни стала привлекать внимание врачей различных специальностей. Значительный интерес к ней вызван, с одной стороны, учащением случаев и утяжелением течения лекарственной болезни (ЛБ), а с другой стороны, как всякая "вторая болезнь", чем по-существу обычно и является лекарственная, она вносит выраженные изменения в течение и прогноз основного заболевания, нередко переводя его даже в сопутствующее (!)

Разнообразие клинических форм лекарственной болезни, неоднородность патологических состояний, а также возможность скрытого течения лекарственной болезни без клинических проявлений, определяемая лишь лабораторными тестами; эти и многие другие причины создают трудности в диагностике этого заболевания.

Хорошо известно, что далеко не всегда антибиотики и другие химиотерапевтические средства назначаются по показаниям. Два автора из США опубликовали материалы о необоснованном назначении лекарств в 92-95% (!!!) случаев. В СССР Ю. П. Бородин, проанализировав свои наблюдения, пришел к выводу, что у 75% больных назначение антибиотиков было необоснованным.

Многими авторами отмечена определенная связь между возникновением лекарственной болезни (ЛБ) и назначением повторных курсов лечения. Ю.Л.Милевская наблюдала у 88% больных появление признаков ЛБ при повторных курсах лечения, и только у 11% – при однократном. Ю.П.Бородин из 78 больных с проявлением ЛБ у 37 выявил в анамнезе (истории болезни) многократные курсы пенициллина, у 15 – двухкратные, у 18 однократные, и только 8 больных отрицали в прошлом лечение пенициллином.

Один из зарубежных авторов на большом материале показал, что при лечении сульфаниламидами аллергические осложнения возникают у 5% больных при первичном применении, у 11% – при повторном. Аллергия при лечении сульфатиазином вызывается при первом курсе лечения у 5% больных, при втором – у 36%, и при третьем у 80%. Для лекарственной болезни считается типичным ее возникновение при повторных курсах ранее хорошо переносимых лекарств. Имеет значение и контакт с препаратами у сотрудников производственных цехов лекарственных средств и лечебных учреждений, который приводит к повышенной сенсибилизации (чувствительности). **По данным Ф.Л. Вильшанской и Г.Б. Штейнберг у 81,2% рабочих на производстве стрептомицина, у 75,9% – тетрациклина и у 92.1% пенициллина выявлен дисбактериоз кишечника.** Более чем у половины это сопровождалось дисфункцией кишечника (то есть плохим пищеварением). Отрицательное влияние контакта с аэрозолем антибиотиков выражалось также в значительном обсеменении зева, носа, глаз, влагалища некоторыми видами грибков.

Мы наблюдали одного больного 40 лет, которому на протяжении нескольких лет было проведено 8 повторных курсов лечения пенициллином, в основном по поводу острых респираторных заболеваний и ангин с рецидивирующими паратонзиллярными абсцессами. Во время последнего курса пенициллиновой терапии развился анафилактический шок и больной погиб. При гистологическом исследовании внутренних органов была отмечена острая аллергическая реакция по типу гиперчувствительности немедленного типа, что подтвердило диагноз анафилактического шока в ответ на очередное внутримышечное введение пенициллина.

Относительная передозировка медикаментов возникает не только в результате полипрагмазии, но и вследствие неполноценной работы почек. Задержка лекарств в организме и в печени (в особенности из-за недостаточного обезвреживания) может привести к повышению аллергенных свойств лекарственных препаратов и также способствовать развитию ЛБ. Например, А. Ф. Фролов наблюдал возникновение ЛБ в группе больных с заболеваниями печени в 6 раз чаще, чем в контрольной группе.

Лакин и Крылов отмечают существенное влияние пестицидов на изменение фармакокинетики лекарственных веществ. Последние могут накапливаться в организме человека, в результате чего повышается активность ряда метаболических ферментов печени, которые существенно изменяют биотрансформацию лекарственных веществ. Эти же авторы отмечают влияние алкоголя на фармакокинетику и фармакодинамику лекарственных веществ в зависимости от степени нарушения функции печени и других органов и курения табака, ибо в организме человека происходит взаимодействие компонентов табачного дыма с лекарственными веществами, обусловленное разными факторами, в том числе индукцией катаболических ферментов. В последнее время пристальное внимание исследователей привлекает взаимодействие лекарств и пищи.

По нашим данным и сведениям других авторов частота ЛБ при различных инфекционных заболеваниях достаточно высока. По данным следующей таблицы особенно высокий процент ЛБ отмечен у больных, поступивших с диагнозом "грипп" и "аденовирусная инфекция ":

Частота появления лекарственной болезни у больных с инфекционными заболеваниями

Брюшной тиф	2647	20,9%
Риккетсиозы	1580	3,5%
Грипп и пр.	1851	30,2%
Пневмония	1791	5,5%

Первое число после названия болезни – число больных, лечившихся химиотерапевтическими препаратами;

Второе число – средний процент лекарственной болезни.

Я.Д.Бондаренко, наблюдая за 307 больными с анафилактическим шоком показал, что это осложнение чаще встречалось весной и осенью в связи с появлением ОРЗ и применением химиотерапевтических препаратов. По его наблюдениям 87% больных получили лекарственные препараты (в основном пенициллин) по поводу неосложненного гриппа, то есть необоснованно, 9% при сомнительном диагнозе и только 4% по обоснованным показаниям. В 23 случаях был летальный исход (смерть). Автор приходит к выводу, что анафилактического шока можно было избежать, если более тщательно собирать аллергологический анамнез и назначать лекарственные средства строго по показаниям.

Проанализировав истории болезни поступивших в диагностическое отделение с диагнозом "грипп" или "токсический грипп" за последние 10 лет, мы получили следующее: из 1417 больных у 517 (36,6%) отмечены проявления лекарственной болезни. Иными словами, более трети больных поступили в клинику не для лечения гриппа, а по поводу ЛБ, и именно тяжесть последней послужила, очевидно, поводом для госпитализации.....

Оказалось, что из 1417 больных с нашей точки зрения только 2,1% нуждалось в лечении антибиотиками. У остальных необоснованная антибиотикотерапия привела к развитию ЛБ. Высокая частота ЛБ при гриппе, безусловно, заслуживает большого внимания и должна учитываться врачами поликлиник при назначении фармакологических средств таким больным.

Клинические проявления лекарственной болезни чрезвычайно полиморфны (разнообразны). Тареев даже считает, что лекарственные синдромы могут лежать в основе любого известного в клинике синдрома, отмеченного в процессе лечения.

Общепризнанной классификации ЛБ в настоящее время нет. Классификация Тареева, предложенная им одновременно с возрождением термина "лекарственная болезнь", включает в себя:

1. Проявления собственно побочного действия помимо желаемого фармакологического эффекта на разные органы и системы больного.

2..Проявление индивидуальной непереносимости – собственно ЛБ.

3.Нежелательные последствия химиотерапевтического эффекта.

Как показывают наши наблюдения, у пациентов при лечении различными химиотерапевтическими средствами, аллергическая форма и дисбактериоз встречаются чаще всего. Хотя большинство авторов не относят дисбактериоз к ЛБ, нам кажется, что понятие ЛБ можно распространить на явления суперинфекции и дисбактериоза. На общность сложных реакций, вызванных химическими веществами, с реакциями, производимыми живыми организмами и продуктами их жизнедеятельности, указывал еще Аркин в 1901 году. На основании проведенных наблюдений мы убедились, что на практике чрезвычайно трудно разграничить эти состояния, так как дисбактериоз всегда возникает на фоне аллергических состояний, и в чистом виде как таковой не встречается.

Все это дает основание, наряду с аллергией, считать явления дисбактериоза и суперинфекции своеобразной формой того же самого по существу процесса – лекарственной болезни.

АЛЛЕРГИЧЕСКИЕ ПРОЯВЛЕНИЯ ЛЕКАРСТВЕННОЙ БОЛЕЗНИ

Анафилактический шок

Одним из самых серьезных осложнений лекарственной терапии является анафилактический шок (АШ). До настоящего времени в литературе описано 2000 случаев АШ с летальным исходом, больше всего при лечении пенициллином, особенно при повторном его применении.

Согласно данным ВОЗ по 17 странам на 70 тысяч случаев применения пенициллина как обычного, так и пролонгированного действия, встречается 1 случай анафилактического шока, причем известно, что 10% случаев АШ оканчиваются летально, а по последним материалам Всесоюзного центра по изучению побочного действия лекарств – 3.6%. Как отмечает большинство авторов, ни доза, ни способ введения препаратов не играют решающей роли в возникновении АШ, однако они в значительной степени влияют на степень тяжести АШ. У наблюдаемой нами больной АШ развился после того, как сестра процедурного кабинета сделала инъекцию пенициллина пациентке, находящейся рядом. Случаи развития АШ от аэрозолей пенициллина наблюдали и другие авторы.

Большое значение в возникновении АШ имеет наличие у больных сопутствующих заболеваний (бронхиальные астмы, экземы и пр.), приводящие к аллергизации организма. Наиболее часто АШ развивается при лечении пенициллином. Описаны случаи возникновения АШ во время проведения внутрикожных проб и даже аппликационных средств с антибиотиками. Поэтому **НЕЛЬЗЯ ДУМАТЬ, ЧТО СУЩЕСТВУЮТ БЕЗОБИДНЫЕ ЛЕКАРСТВА**, в процессе лечения которыми не могут наблюдаться проявления ЛБ, в том числе АШ. Встречаются сообщения о самых, казалось бы, неожиданных случаях возникновения АШ – при применении витаминов В, амидопирина, бутадиена, при введении платифина и противотуберкулезных средств, сердечно-сосудистых, даже антигистаминных препаратов и глюкокортикоидов, желатиноля и пантокрина, а также растительных лекарственных препаратов (алоэ, календула, прополис и пр.)

Мы наблюдали больную 34 лет (беременность 28 недель) с угрожающим выкидышем. При усилении болей в животе больной дома врачом скорой помощи были сделаны дважды инъекции но-шпы, по 2 мл. В роддоме, куда доставили больную, ей также ввели этот препарат, после чего у нее развился АШ, закончившийся летально.

В нашей клинике наблюдалась больная 60 лет, у которой ЛБ стала основным заболеванием, приведшим ее к смерти. Эта больная в течение нескольких дней принимала элиниум по поводу бессонницы.

АШ возникает чаще и развивается быстрее при парентеральном (уколами) введении препаратов, чем при приеме внутрь. В литературе имеются многочисленные указания на то, что АШ развивается нередко при необычных, нестандартных путях введения препарата или контакта с ним, при введении пенициллина в брюшную полость, при припудривании культи легкого во время операции, после анестезии дикаином во время медицинского аборта, при внутригортанном введении лекарств и вливании их в гайморову полость, в полость карбункула, при вдыхании пенициллино-сульфамидного порошка в полость рта, носа, при инъекции шприцем, прокипяченным после пенициллина, даже после стирки носовых платков страдающего гайморитом, которому вводили пенициллин в пазухи носа и т.д. Зарегистрированы случаи возникновения АШ в результате ошибочного введения одного антибиотика вместо другого.

АШ может возникнуть у больных разных возрастов, даже у новорожденных (что недавно еще считалось невозможным) и у пожилых людей.

Накопленные материалы свидетельствуют о том, что дисбактериоз (нарушение и изменение состава кишечной микрофлоры) при желудочно-кишечных расстройствах, особенно хронических, характеризуется изменением биологических свойств основного представителя аэробной микрофлоры кишечника – кишечной палочки, снижением ее антагонистических свойств, ферментативной активности, утрате подвижности. Гемолизирующая кишечная палочка, выделенная от лиц с дисбактериозом кишечника, обладает, как правило, токсическими (отравляющими), дермонекротическими (кожноразрушающими) свойствами. Установлен и ряд функциональных нарушений организма. Например, имеющее место при нормальной микрофлоре расщепление поступающих из верхних отделов кишечника ферментов с их последующей реабсорбцией не осуществляется при дисбактериозе. Подтверждением этому служит повышенное выделение энтерокиназы, в то время как у здоровых людей она почти отсутствует в выделениях. Недостаток витаминов при дисбактериозе является одним из факторов, способствующих исчезновению активных симбионтов, нуждающихся в этих веществах, и с другой стороны – бесконкурентного роста микробов, не нуждающихся в них, как, например, стафилококка.

Приложение

УРИНОТЕРАПИЯ

ЕСТЕСТВЕННЫЙ МЕТОД ВОССТАНОВЛЕНИЯ СИСТЕМ АВТОРЕГУЛИРОВАНИЯ ОРГАНИЗМА

Уринотерапия - это естественный метод лечения, при котором больной

в режиме полного голодания

выпивает практически всю выделяемую им СОБСТВЕННУЮ МОЧУ и растирает свое тело мочой, преимущественно ступни ног, шею и голову. Метод мочевой терапии ввел в практику в наше время Джон У. Армстронг [7] в начале XX века, хотя сам этот метод – один из самых древнейших, и применяется практически во всех религиях с незапамятных времен, а также (по словам Митчелла [8]) и в "системе йогов". Армстронг и его последователи (Митчелл и др.) не давали, и, по-видимому, не могли дать, хотя бы общетеоретического обоснования метода – они просто лечили людей, так как убедились сами в эффективности этого метода. Для общего и эмоционального знакомства с этим методом лучше всего читать книгу самого Армстронга и книгу Митчелла. Здесь же для нашей цели мы сведем в короткий перечень правил саму методику мочевой терапии, которая у Армстронга в сжатом виде не изложена, а разбросана по всей книге.

Методика уринотерапии

1. Полное голодание обязательно для эффективного и быстрого выздоровления. Частичное голодание дает результаты в некоторых случаях, но тогда метод действует более растянуто и менее эффективно.

2. Пить нужно только собственную мочу по причинам, которые станут понятными ниже. Чужая моча для больного терапевтически бесполезна, и может лишь в крайнем случае служить инициатором для начала собственного мочеотделения,

если оно совсем отсутствует. Но для этого годится и любое другое мочегонное средство.

3. Пить нужно сразу же после мочеиспускания, и все без остатка, за исключением небольшой дозы (максимум 100-150 г в сутки), необходимой для растираний или компрессов. Желательно сосуд, в который собирается моча, предварительно подогреть под струей горячей воды, чтобы он был теплым, и моча не успела остыть. Остывшая моча непригодна для приема внутрь, почти бесполезна, так как выделяемые с мочой гормоны быстро распадаются при понижении температуры даже на несколько градусов.

Пить лучше всего из фарфорового или керамического заварочного чайника, всасывая мочу через его носик, но можно, конечно, и из чашки. Уговорите себя не обращать внимания на цвет, вкус и запах мочи. Чем больше вы будете пить ее, тем в большем количестве будет она выделяться, тем менее она будет концентрирована и больше похожа на обычную воду.

Воды можно пить сколько угодно. Лучше, если она будет сырой, но выдержанной в сосуде с серебряной ложкой для устранения хлорирования.

4. Растирание мочой можно начинать с первого дня голодания, но для этого она должна быть выдержана при комнатной температуре от 36 до 48 часов, т. е. нужно ее накопить дня за два до начала курса лечения. Использованная моча выливается, поэтому нужно иметь постоянно запас двух-трехдневной мочи в бутылочках. Не держите их на свету и у батарей отопления.

Растирание мочой – это не массаж. Нужно мягко втирать мочу в кожу до тех пор, пока вода почти не высохнет, и затем взять следующую порцию. Растирать рекомендуется 1,5-2 часа, но если нет такой возможности и сил, то несколько раз в день меньшими отрезками времени.

Мочу нужно наливать в плоскую посуду тонким слоем, чтобы можно было только смочить ладонь. По мере использования подливать мочу из бутылки, подогретой до температуры тела, чтобы не охлаждать кожу и не создавать неприятных ощущений, приводящих к сужению сосудов. Можно также, чтобы плоский сосуд (корытце) находился в другом сосуде, в котором налита очень теплая вода, для поддержания мочи в теплом состоянии. Лучше, если сосуд не имеет открытого металла, а эмалированный или керамический.

Спустя два часа после растирания можно принять теплый душ, который желательно закончить прохладным душем.

5. Компрессы из мочи можно ставить на участки тела, свободные от прямых поражений кожи. Однако Армстронг описывал и примочки при гангрене, и тем более – при ожогах. Лучше всего компресс ставить на ночь, но нужно его обязательно утеплить платком или шарфом. Чтобы он не смещался, можно использовать сеточку или радикулитный пояс.

Компресс можно ставить не каждый день, чередуя его с компрессами на ногах (пропитанная мочой тонкая тряпочка, полиэтиленовый пакет, теплый шерстяной носок). Не следует обращать внимания на резкий запах аммиака при снятии компресса, а следует тут же выстирать тряпочку. При стирке избегайте применения стирального порошка – его следы остаются на ткани, попадают затем снова на кожу и оказывают разъедающее действие.

6. Момент окончания голодания Армстронгом в каждом случае определялся индивидуально, и на этот счет у него нет никаких рекомендаций. Следует пользоваться рекомендациями, изложенными в этой книге в разделе "Техника безопасности".

7.Сторонники уринотерапии не рекомендуют использовать клизмы по той простой причине, что при питье мочи во время голодания обычно на третьи сутки возникает сильный понос, и организм самостоятельно избавляется от остатков кала. Обычно понос на 5-6 сутки прекращается так же внезапно, как и начался.

ПОЧЕМУ ЖЕ ПОМОГАЕТ УРИНОТЕРАПИЯ?

Мы сознательно дали вначале описание методики уринотерапии, чтобы не объяснять ее дважды. Итак, составными частями лечения по методу уринотерапии являются:

а) полное голодание

б) питье собственной мочи и

в) втирание мочи в кожу преимущественно в тех местах, где к поверхности тела близко подходят кровеносные сосуды.

В соответствии с этим уринотерапия (УТ) действует на организм одновременно по трем направлениям:

Во-первых, лечебное голодание само по себе избавляет организм от излишков жира и нормализует обменные процессы в организме. Очень возможно, что, снимая ожирение с клеток гипоталамической и гипофизарной систем, лечебное голодание восстанавливает в определенной степени чувствительность гипоталамуса к торможению со стороны энергетической и репродуктивной систем, что является по гипотезе Селье-Дильмана первейшим условием нормальной работы всего комплекса обратных связей организма.

Во вторых, прием мочи внутрь (еще раз подчеркиваем, сам по себе безвредный) приводит к тому, что содержащиеся в ней гормоны, по тем или иным причинам не использованные в организме, не уходят из него с мочой, а возвращаются обратно, вновь всасываясь в кровь в кишечнике. Так как при голодании обычный желудочный сок практически не выделяется, в том числе и в ответ на прием мочи внутрь (реакция мочи щелочная и она прямиком «проваливается» в кишечник), то она не подвергается в желудке разложению со стороны желудочного сока. Всасываясь обратно в кровь, гормоны постепенно повышают свою концентрацию в крови. Это приводит к повышению торможения гипоталамуса (ГТ) половыми гормонами помимо влияния самого процесса голодания, который, хотя и приводит также к торможению ГТ, но гораздо позже и по другой схеме, описанной ранее. Именно по этой причине мочу следует пить немедленно после ее испускания, желательно, кроме того, из слегка подогретой посуды, чтобы гормоны, выходящие с мочой, не успели разложиться при пониженной температуре и от света. (Кстати сказать, по системе йогов это делается ночью перед рассветом!). По этой же причине следует выпивать всю мочу, как это неоднократно рекомендует Армстронг – так быстрее всего возрастает концентрация гормонов в крови.

По мере того, как больной пьет свою мочу, в крови возрастает также и концентрация мочевины. Мочевина практически безвредна для организма, именно в нее печень превращает мочевую кислоту и аммиак, значительно более вредные для организма вещества. Но ее концентрация в крови определяет степень фильтрации крови через почки – чем она выше, тем больше фильтрация, больше мочеотделение. Именно по этой причине после начала лечения моча начинает выходить все больше и больше. Но это не во всех случаях. По нашим наблюдениям выход мочи в первый день-два может даже несколько задерживаться, и только потом увеличиваться. Очевидно, это зависит от характера заболевания.

По этой же причине мочеотделение задерживается при неправильной работе печени, если она не производит мочевины в достаточном количестве, а это бывает в тех случаях, когда нарушаются те ее функции, которые заключаются в нейтрализации циркулирующих в крови вредных веществ. Введение в организм мочевины в составе мочи любого человека может в этом случае инициировать отделение мочи у самого больного, но не может, как теперь становится ясно, заменить мочу самого больного, содержащую собственные гормоны и индикаторы вредных для организма внутренних продуктов. Удивительно при этом лишь то, что по наблюдениям Армстронга это достаточно сделать всего один раз.

В-третьих, в процесс быстрой нормализации работы всего организма включается иммунная система. Наиболее вероятным путем протекания этого процесса является следующий:

Моча, оставленная при пониженной комнатной температуре на 30-50 часов, подвергается некоторым изменениям. Прежде всего, распадаются содержащиеся в ней гормоны. Затем частично распадаются те вещества, которые не были усвоены организмом (одни являются "неправильными", другие – продуктами деятельности раковых клеток, не являющиеся необходимыми для работы других клеток организма, а то и просто ядовитыми для них). Если после указанной выдержки втирать их в кожу, то они в измененном виде в небольшой концентрации попадают в лимфу и кровь, и вызывают активизацию иммунной системы, которая реагирует на них теперь как на чужеродные тела для организма. Пока эти тела находились в крови до того, как они были выведены с мочой, они циркулировали в ней не сами по себе, а в комплексном соединении с упоминавшимся ранее белком-носителем, не позволявшим иммунной системе организма реагировать на них как на "чужие"; они и были действительно "своими". Даже глюкоза циркулирует в крови не сама по себе, а со своим индивидуальным для каждого организма белком-носителем. По-существу это сигнал "свой-чужой", подобно применяемому в военной авиации. (**По этой, возможно, причине, многие случаи непосредственных инъекций глюкозы в кровь заканчивались трагически**).

Но после того, как моча отстоялась, связи веществ с белком-носителем распадаются, и теперь, будучи вновь введены в организм небольшой концентрации (через кожу), они вызывают реакцию на них иммунной системы как на "чужие" для организма. Иммунная система вырабатывает антигены, которые в этом случае, возможно, будут успешно обнаруживать эти вредные вещества, имеющиеся в крови и лимфе, даже если те находятся в связи с белком-носителем, и будут уничтожать их, не обращая внимания на сигнал "свой". Действие этого механизма, повидимому, не имеет отношения к голоданию.

Р Е К О М Е Н Д А Ц И Я

Так или иначе, необходимым условием эффективности уринотерапии является лечебное голодание. А начинают лечебное голодание обычно с мощной клизмы, с очищения желудочно-кишечного тракта. Какой бы цвет, запах и вкус ни имела моча до начала лечения, сразу же после промывания кишечника количество воды в крови очень большое, и моча идет совершенно прозрачная, почти без запаха и вкуса. Это самый благоприятный момент для начала питья мочи. Кроме того, благодаря этому процесс сгущения крови во время голодания протекает существенно медленнее, что облегчает условия работы всех систем организма, да и концентрация мочи возрастает относительно медленно.

Приложение.

ИЗ ЛИЧНОГО ОПЫТА АВТОРА

Мелкие случаи остановки крови мочой в любом виде при порезах, или случаи лечения мочой ожогов в настоящее время общеизвестны, и я на них не останавливаюсь.

1. Зимой 1989 года у моей старшей 27-летней дочери возникла небольшая опухоль на нижнем веке глаза. Районный врач диагностировал доброкачественную опухоль - папиллому, и рекомендовал лечение, рассчитанное на устранение опухоли за 3-4 недели. Вместо этого дочь прикладывала на глаз каждую ночь тампон, смоченный собственной мочой. Через неделю опухоль бесследно исчезла и больше никогда не появлялась.

2. В сентябре 1988 г моя младшая дочь 16 лет начала жаловаться на боли в области желудка. Перед этим она два месяца провела в южных районах страны и имела не очень качественное питание, ела много жареной курятины. Районный врач диагностировал гастрит 12-перстной кишки (гастродуоденит), и рекомендовал немедленное исследование и лекарственное лечение. Я настаивал на голодовке, которую дочь провела в течение 8 дней на воде. После выхода из голодания (по Николаеву) она больше на боли не жаловалась. Спустя несколько месяцев на регулярном школьном обследовании районный врач очень возмущалась тем, что дочь не хочет лечиться от гастрита, несмотря на то, что та объяснила врачу, что у нее давно уже ничего не болит и все прошло. "Этого не может быть, гастрит просто так не проходит, – сказала врач. – Ты должна болеть!" (!!!!) Какова формулировочка?

3. В апреле 1989 г. у жены на ногах возникла необъяснимая сыпь, начавшаяся с лодыжек и постепенно поднимавшаяся вверх к бедрам. Врач диагностировал "нарушение обмена веществ" (замечательная формулировка, включающая в себя все, от поноса до рака). Однако, при назначении лекарства врач проявил некоторую нерешительность. Понимая, что он не может правильно поставить диагноз, я попытался снять симптом примочками из мочи. После двух дней ношения компресса положительных

результатов не было, возникло лишь дополнительное раздражение кожи. Это свидетельствовало о внутренней природе болезни.

Примененное затем 8-дневное голодание на воде и питье мочи привели к полному исчезновению симптомов заболевания. Выход из голодания – по Николаеву.

4. Весной 1989 года на большом пальце ноги я обнаружил образование, напоминавшее грибковое заболевание. Ноготь в этом месте крошился и потерял чувствительность. Два дня непрерывного ношения тампона, смоченного мочой, решили дело – образование исчезло, обнаружился здоровый нижележащий слой ногтя, к лету он постепенно переместился к краю ногтя и мало-помалу исчез.

5. Мать подруги жены в 1987 г. в возрасте около 60 лет перенесла ампутацию ноги из-за возникшей угрозы гангрены. В 1989 году возникла аналогичная угроза для другой ноги. Во время госпитализации получила ударную дозу преднизолона, несколько приостановившую развитие процесса, но вызвавшую симптомы диабета. В июне 1989 года ее дочь обратилась ко мне по поводу периодических вспышек температуры у матери (через сутки до 39-40°C); по ее словам в прошлый раз это предшествовало началу воспалительного процесса. Она просила дать ей рекомендации, как провести голодание. Больную я не видел, общался с ней только по телефону из другого города. После того, как больная провела 10-дневную голодовку, она почувствовала, что может продолжить ее и дальше, и голодала всего 19 дней на воде и отваре шиповника, после чего вышла из голодания. Температура нормализовалась уже на третий день голодания, весь курс голодания она провела без каких-либо отклонений. Результат лечения не был радикальным. Спустя полгода вспышки температуры начали вновь повторяться, но за это время удалось найти специалиста, диагностировавшего у больной особую ("волосяную") форму рака участка кишечного тракта и прооперировавшего ее. Женщина была спасена.

6. В течение многих лет я сам, выезжая летом в экспедиции, очень страдал от насморка, который возникал на третий день в полевых условиях, и иногда кончался через пару дней после возвращения в Москву. Аналогичное явление происходило с моей матерью, когда она приезжала на лето в

Крым. В семье считалось, что это какая-то наследственная аллергия, "сенная лихорадка", и вообще что-то необъяснимое.

В апреле 1988 г я провел экспериментальную 18-дневную голодовку с клизмами через день и приемом мочи внутрь. Выехав в июне в экспедицию, я в течение всего лета ни разу не чихнул, хотя купался каждый день в реке до середины октября в Калининской области.

В 1989 году я вновь выехал в экспедицию, и насморк снова начался чуть ли не на следующий день. В течение недели я не мог ничего с этим поделать. Наконец, отчаявшись, я провел 50-часовую голодовку и пил всю свою мочу. Через 36 часов начался сильнейший понос, закончившийся сразу же после выхода из голодания. Насморк прекратился и более не возникал до конца сезона. В дальнейшем я исключил из своего питания непременные экспедиционные каши на молоке и картошку с тушенкой. "Аллергия" исчезла навсегда.

7. В апреле 1991 года моя соседка по дому (85 лет) собралась умирать. В течение двух недель скорая помощь приезжала к ней по поводу сердечных приступов дважды в сутки. Наконец, она вызвала священника, чтобы отойти в мир иной. После ухода священника к ней зашла ее медицинская сестра и посоветовала на всякий случай попить мочу, хуже ведь не будет! Два дня не было видно ни соседки, ни "скорой помощи", и я уже решил, что она умерла. На третий день я увидел ее, самостоятельно вышедшую из дома и сидящую на лавочке у подъезда. Через неделю она съездила на такси на кардиограмму, после чего вернулась домой на автобусе. За все это время "скорая" приезжала только один раз. В течение месяца с ней был только один приступ, и то по причине теплой грелки на область сердца. В настоящее время чувствует себя обычно для своего возраста.

8. В июне 1991 г. у отца (79 лет) возник "жировик" на предплечье. Когда я об этом узнал, он уже имел размеры с хорошую сливу и такой же фиолетовый цвет, так как мать по незнанию делала ему в течение двух недель спиртовые компрессы. Двухдневный компресс из мочи привел к совершенно безболезненному вскрытию внутреннего нарыва и к выходу большого количества гноя.

9. Неудачный случай лечения с применением компресса из мочи был у моей младшей дочери, у которой по неизвестной

причине возникло нагноение на ноге (на пятке). Возможно, очаг воспаления был слишком глубоко или за дело взялись поздно, но процесс нагноения развился в лимфаденит и пришлось прибегнуть к вскрытию нарыва и лечению его в клинике.

10. Случай последней голодовки, которую я провел в возрасте 71 год, заслуживает отдельного описания.

В октябре 2010 года мой уролог сообщил мне, что показатель активности простатита приблизился к предельной величине (или уже даже несколько превысил ее) – около PSA=5. Кроме того, сказал он, из-за застоя мочи в мочевом пузыре вследствие перекрытия его увеличенной простатой возник камень такого размера, что, по его мнению, сам он не выйдет. И если этот камень перекроет выход моче, то ему будет трудно добраться до него из-за простаты. Поэтому, сказал он, следовало бы прооперировать простату как минимум, а заодно, возможно, и от камня избавиться.

Мне эта ситуация не очень понравилась, и я спросил у него, могу ли я использовать МОИ методы?

- Сколько времени тебе нужно? – спросил он.

- Примерно месяца три – ответил я.

- Ну, что ж, через три месяца приходи, будем лечить!

На том мы и расстались, и на следующий же день я впал в голодовку.

В течение всего времени голодовки (а получилось в результате практически 35 дней) снижение веса происходило по всем правилам – сначала быстрее, потом медленнее – и в результате вес снизился с 82 кг до 68 кг в конце процесса.

Первые 25 дней все шло как обычно (я голодаю уже не в первый раз, а наверное в шестой и ли седьмой), и даже несколько легче, чем обычно. Первое время я даже появлялся на работе, но на 15 день внезапно очень сильно заболела нога в голени, которая несколько лет назад подверглась травме – тогда был сильный удар. Я не мог сделать и шага, с трудом вернулся домой (благо недалеко ушел со двора), сделал компресс из теплой мочи на ночь, и к утру боль стихла. Однако с этого времени я просто боялся уходить из дома, и остаток времени провел в домашних условиях, благо в большой комнате у нас постоянно ветер и сравнительно чистый воздух.

Ранее я голодал и 25 дней без больших проблем, но тогда я был значительно моложе. В этот раз на 26-й день началась тошнота с выходом слизи через носоглотку и позывы на рвоту, которые иногда заканчивались рвотой. Содовая вода не помогала, и даже была неприятна – я перешел на обычную воду. Кровяное давление прыгало от 110 до 160. Пульс участился до 75-80. Однако язык продолжал быть белым и голодовку я прекращать не хотел. Никакого желания что-то съесть не было. Постоянные выделения из носоглотки я либо проглатывал, либо сплевывал в салфетку, через каждые несколько минут. Вероятно, при переполнении желудка этой дрянью, время от времени возникала рвота. Дни с 25-го по 35-й были самыми неприятными. Это время я провел, лежа на диване у открытого настеж большого окна, практически на свободном воздухе. Никакого желания выходить даже во двор не было, и я не стал себя насиловать. Немного больно было наступать на ногу. Повторно рисковать я не хотел.

На 32-й день произошло маленькое чудо. Моча, бывшая до этого времени мутноватой, вдруг стала совершенно прозрачной, и не только потеряла запах, но даже стала пахнуть чем-то приятным, цветочным даже. На вкус она даже не была похожа на сильно разбавленную мочу. Это был первый сигнал о необходимости выхода из голодания. Но вес не показывал резкого уменьшения, и язык оставался белым.

На 35-й день утром я проснулся от сильной боли в области сердца, которую не смог устранить питьем содовой. Кроме того, перед пробуждением приснился довольно страшный сон, где кто-то мне знакомый непрерывно твердил: «Уходим! Уходим! Уходим!»

И я принял решение о выходе из голодания. Выход шел по методу Николаева, но с наблюдением за ощущениями, которые впоследствии я внес в методику, описанную выше. Вес во время выхода увеличивался также практически стандартно – на прежний вес за 20 дней я не вышел, и он достиг прежней величины (83 кг) только спустя 3 месяца.

Примерно на третий-четвертый день выхода из голодания я начал выходить из дома в район двора, постепенно увеличивая расстояние, которое мог пройти без усталости (начавши со ста шагов!) Когда я через несколько дней довел число шагов до тысячи, снова заболела нога в том же месте.

Придя домой, я сделал этой ноге горячую ванну (в ведре) с добавлением белого скипидарного раствора по Залманову. Боль прекратилась, чем я остался весьма доволен.

Однако на 20-й день ПОСЛЕ начала выхода из голодания внезапно возникла боль в левой половине груди, а на следующий день она перешла на правую половину, а в левой – исчезла. Я не мог сделать глубокого вздоха без очень сильной боли, возникавшей в разных областях грудной клетки снизу доверху. Все это заставило меня обратиться к врачу, который отправил меня в больницу, где специалисты диагностировали двустороннюю эмболию легких (закупорка сосудов тромбами).

По моим предположениям скрытая гематома в голени как-то развалилась, чему способствовал прогрев ноги в ванне, и кровяные сгустки из нее разлетелись по всей кровеносной системе. Самые большие – закупорили легочные артерии.

За 6 дней в больнице врачи привели меня в относительную норму с помощью соответствующих лекарственных препаратов, и на 6-й день там пребывания я уже смог выйти на улицу самостоятельно, и даже пройти около полукилометра по холму. После выписки из больницы я пока должен принимать разжижающие кровь препараты, но самочувствие у меня уже было вполне хорошее и через несколько месяцев, как это положено по инструкциям к применению этого препарата («Кумадин» или "Warfarin") его прием был прекращен.

Проверка состояния простаты через 2 месяца показала снижение параметра PCA до 3,5, однако размеры простаты все еще остаются достаточно большими. Тем не менее, голодовка заметно улучшила мое общее состояние, и даже после выхода из эмболии я могу подняться на 140 ступенек лестницы без остановки.

Следует сказать, что впоследствии я стал заниматься упражнениями по системе йогов, и сегодня (мне 78 лет) чувствую себя так, как никогда раньше.

Поэтому еще одна РЕКОМЕНДАЦИЯ
(едва ли не самая важная!):

Все время проведения голодания и даже месяц-другой после выхода из него, держитесь не слишком далеко от больницы с хорошими врачами! Никогда не проводите голодание в одиночку, только в присутствии кого-то из близких или знакомых!!

Автор на 25 день голодания

Автор на 32-й день голодания
(разница не слишком заметна)

ЛИТЕРАТУРА

1. Ю. С. Николаев, Е. И. Нилов. Голодание ради здоровья
2. Герберт Шелтон. Правильное сочетание пищевых продуктов
3. Норман В.Уокер. Сырые овощные соки
4. Харри Бенджамин. Популярный справочник естественного лечения
5. Поль Брэгг. Чудо голодания
6. Арнольд де Бриз. Терапия голоданием
7. Дж. Армстронг. Живая вода (уринотерапия по Армстронгу)
8. 8. Митчелл. Чудеса мочевой терапии
9. В.М.Дильман. Почему наступает смерть
10. В. М. Дильман. Эндокринологическая онкология
11. Шрайбер. Патология желез эндокринной системы организма
12. И. И. Грачева, И. Н. Щетинина. Клиническая химиотерапия инфекционных болезней.

Как не надо голодать

На публикацию http://golodal.ru/voron.html

Уважаемый г-н Воронов!

Прочитав эссе о вашем опыте голодания, я пришел в ужас. И я полностью согласен с мнением доктора, который вытащил вас из последнего «эксперимента», что вы едва не погибли только благодаря Вашему отменному здоровью. Однако – по порядку, сначала общее, затем – частное...

1. Прежде всего, Ваш пафос в отношении положения русского народа весьма понятен, особенно если учесть, что Вы очень давно живете в США в отрыве от российских реалий. Поэтому ваши предложения насчет того, чтобы эти люди вместо стояния в очередях за хлебом просто поголодали бы дней сорок, выглядят мягко говоря, более чем несерьезными. Ведь у этих людей есть семьи, дети, и сами они тяжело работают. И даже если бы они вдруг последовали бы Вашему совету, то ведь, войдя в голодовку, они вряд ли смогли бы из нее выйти. Ибо во многих местах в России понятия не имеют, что на свете существуют даже консервированные фруктовые соки, не говоря уже о натуральных. Я жил в России во многих таких местах, жил достаточно долго, знаю о чем говорю.

2. Меня удивило, что кроме ссылки на Суворина, вы не упоминаете известного советского доктора проф.Николаева. Еще перед войной, вместе со своим коллегой (забыл фамилию) он заложил основы методики лечебного голодания, и в дальнейшем успешно применял ее в больнице в Кузьминках (Москва). Положим, о книге Николаева Вам там в Бельгии или в Калифорнии могло быть ничего не известно, но уж книгу Поля Брэгга надо было бы прочитать и упомянуть о ней?

3. Это неверно, что докторов по методике голодания не существует, и неверно, что эта сфера является как бы terra incognita, и представляет собой какие-то «джунгли» по вашему выражению. Обычно подобные утверждения (как и в данном случае) делаются для того, чтобы оградить себя от обвинений в невежестве – мол, мы идем непроторенными тропами, и каждый может ошибаться...

Но доктора и опыт имеются. В той же Москве, кроме больницы в Кузьминках, уже более 20 лет существует филиал кремлевской больницы в районе Рублевского шоссе, где применяют лечебное голодание. В Израиле также есть подобные клиники, хотя пребывание в них стоит весьма недешево.

4. Главная ошибка Суворина, связана, видимо, с отсутствием у него необходимых знаний (что неудивительно для начала XX века) о работе организма, знаний, известных сегодня любому фельдшеру – это его требование многократных клизм. Это требование вытекает из его представлений о том, что организм может и должен получать таким образом воду, и для этого к тому же надо эту воду стараться в себе задерживать. Это – ошибка. Возможно, Суворин даже не знал о таком параметре, как pH- крови. Этот параметр указывает на кислотную или щелочную реакцию состава крови. В нормальном состоянии организма величина этого параметра близка к нейтральной или щелочной реакции. Но в ходе голодания, да еще длительного, выброс в кровь жирных кислот из жировых клеток приводит к сильному сдвигу величины pH в кислотную сторону. Это крайне опасное явление, и за этим надо следить! Из-за этого могут появляться судороги мышц, в том числе и мышц сердца, что может привести к его остановке. При такой величине параметра pH мышцы не работают эффективно, возникают спазмы, перемещающиеся боли в теле, неуправляемое сокращение мышц. На выходе из желудка имеется кольцевая мышца – сфинктер. При ее спазме даже вода не пройдет из желудка в кишечник, не говоря уже о пище. Сдвиг pH в кислотную область приводит и к другим явлениям – повышению кровяного давления, головным болям вследствие спазма мышц кровеносных сосудов и пр. Все это, видимо, Суворину (и, как следствие – Вам) не было известно.

В частности, при сильно кислотном pH совершенно прекращается работа поверхностных клеток слизистой оболочки кишечника. Поэтому, сколько воды ни закачивай в кишечник через клизму, она внутрь организма не поступит, или пройдет ее небольшая часть. Вот почему, в конце концов, Ваш организм оказался сильно обезвожен (а вовсе не из-за последней клизмы, как вы думаете). И опытный врач это моментально понял, «вкатил» Вам «поташ», как вы выражаетесь, то есть раствор соды (ибо «поташ» – сода техническая, внутрь не употребляется), и, тем самым, сдвинул pH крови в щелочную сторону и спас Вашу жизнь.

Следить же за нормой pH довольно просто – достаточно следить за своим самочувствием, если знаешь за чем следить: за отсутствием головных болей, мышечных болей и спазмов, пульсом, кровяным давлением. И даже просто достаточно профилактически пить содовую воду, пока сфинктер еще не находится в спазме.

5. Прекращение голодовки

Вашу радость по поводу очищения языка на 38-40-й день понять можно. Но явление покраснения языка – это не сигнал о полном оздоровлении организма, оно еще в значительной степени впереди. Это прежде всего **сигнал о необходимости немедленно ПРЕКРАТИТЬ голодовку**, это сигнал о том, что запасы жира в организме закончились, и дальнейшее продолжение голодовки приведет к переходу организма на уничтожение мышечных волокон, что крайне опасно, в первую очередь для мышцы сердца. Красный язык – это «красный свет»»!

6. Выход из голодания

Методика выхода из голодания на яблочном и морковном соках отработана проф.Николаевым в его клинике на множестве больных. Основана она на ЗНАНИИ того, что именно и в какой последовательности нужно организму в этом периоде. А нужны ему – энергия (глюкоза) для работы клеток, и строительный материал для восстановления ранее поврежденных органов (белки). Белки в данном периоде нужны растительного происхождения, ибо гораздо проще усваиваются еще слабым «пищеварительным аппаратом». Глюкоза – яблоки, белки – овощные соки. При этом очень важно, исключительно важно, чтобы и те и другие имели щелочную реакцию, чтобы не вызвать спазматического сжатия сфинктера желудка. Поэтому яблоки годятся не любые, а только сочные красные **сладкие**. Морковь надо стараться использовать тоже **сладкую** (русское название – «каротель»), некрупную, красную. В дальнейшем происходит медленный плавный переход через каши на более твердую пищу.

То, что делали Вы – смерти подобно. Кислый вишневый сок не может привести к смене pH крови, не может сдвинуть pH в щелочную сторону, совсем наоборот! Отсюда и описанное Вами его рвотное действие. Нельзя экспериментировать с выходом из голодания, можно там и остаться, как это уже бывало с многими.

7. Теперь – по «мелочам», причем некоторые из них могут оказаться катастрофическими.

- О причине долголетия библейских персонажей – одна из версий, но на мой взгляд весьма правдоподобная, изложена здесь: http://www.geotar.com/geota/tora/T002.html

- Никакого отношения к голоданию ТАКОЕ долголетие не имеет, как и к климатическим особенностям окружающей среды. Это исключительно генетический фактор.

- Почему Ной не передал секрет долголетия? Потому что он сам его не знал, и даже не задумывался над этим – ведь все его окружающие люди жили столько же лет, и в этом не было ничего удивительного.

- Царь Давид не жил 650 лет, это исторический факт. Википедия сообщает, что он умер в возрасте 70 лет после 40 лет царствования.

- Ваш отец, протестуя против Ваших действий, сам не подозревал, насколько он был прав. Суворин не обладал к тому времени достаточным запасом знаний, чтобы по его руководствам можно было голодать любому. В его клинике больные находились под его постоянным наблюдением, и он мог по ходу процесса вносить те или иные коррективы. Вы – не могли.

Выход из вашей первой 19-дневной голодовки через простые щи – это был смертельный риск. Спасало вас во всех случаях только Ваше могучее здоровье каменщика.

- Опухоль на ноге, описанная Вами, это никакая не опухоль, а отек, в результате перекисления и ослабления сердечной мышцы.

- Абрикосовый сок на выходе из голодания гораздо хуже, чем яблочный.

Еще одно важное условие, которое вы постоянно нарушали – использование консервированных соков; это в общем случае недопустимо. При могучем здоровье это, может быть, не слишком важно, но ведь не все им обладают, тем более – больные люди, часто прибегающие к голоданию как к последнему средству лечения в крайних случаях. Дело тут в том, что консерванты, содержащиеся в таких соках, могут действовать неадекватно. Реакция организма на любое, даже безобидное «лекарство», во время голодания совершенно разная для разных людей. Таблетка от головной боли, принятая во время голодания, может отправить вас на тот свет. Вот почему авторитеты и просто опытные люди всегда предостерегают против принятия каких бы то ни было лекарственных препаратов в течение голодовки.

- Никаких «бутылок вина» для полоскания рта – вы можете только ухудшить ситуацию с рН в организме.

- Молоко! Молоко усваивается нормально только у 10% взрослых людей, так как примерно в возрасте 18 лет организм перестает вырабатывать лактазу (фермент, разлагающий молочный жир).

- Прибавление лимонного сока в клизму вам, естественно, никак не помогло, так как (объяснено выше) эта вода так и оставалась в кишечнике, не «всасывалась». Но если бы эта вода прошла через стенки кишечника и попала бы в кровь, то произошло бы дополнительное перекисление крови, и организму был бы нанесен объективный вред.

Воду клизмы бессмысленно удерживать в себе долго в режиме голодания – она почти не проходит через стенки кишечника в организм. Кишечник – исключительно сложная система, а не просто «труба». И на отток мочи влияет опять же не наличие воды в организме само по себе, а нормальная работа почек, которая возможна только при нормальной (допустимой) величине рН крови.

- Все Ваши проблемы со сном также связаны с этой причиной – перекислением крови жирными кислотами и отсутствием в организме доступной ему воды. Постоянный прием небольшого количества содовой воды снял бы эту проблему.

- Ваша собака сдохла именно потому, что почувствовала, что вы умираете. Оставаясь надолго в одиночестве, вы также подвергали себя смертельному риску, как это и случилось в конце Вашего последнего эксперимента.

- Ваш доктор, к которому вы попали в Пало-Альто, был абсолютно прав – Ваш крепкий организм не позволил вам убить себя.

- В разделе Вашего эссе «Мое 38-дневное голодание» Вы пишете: «Каким таинственным образом – мне неизвестно. Но я знаю...»

Одна эта фраза говорит о многом. В моей книге этот «таинственный образ» детально описан. И только шарлатаны вроде Г.Малахова и иже с ними, и несть им числа, морочат людям головы своими «методиками».

- Ванны... Никаких ванн! Только теплый или горячий душ. Находясь в теплой ванне, вы расширяете сосуды, возможно забитые в прошлом холестериновыми отложениями на их стенках. В любой момент такой сгусток может оторваться от стенки сосуда, и только Бог знает, какой сосуд и где он потом перекроет при своем путешествии по кровеносной системе – в легких, в сердце или в мозгу.

- Овощные супы есть почти бессмысленно – все витамины, которые содержатся в овощах, уничтожаются кипячением, остается только клетчатка.

- Еще одна убийственная «рекомендация», происходящая от отсутствия знаний: «Месяца через 3-4 начинайте голодать снова!» Это слишком малый срок! За это время печень может не успеть восстановить свои запасы гликогена, и ацидотический криз, о котором Суворин даже не упоминает (очевидно, ничего не знает об этом), может развиваться нестандартно.

Подводим итоги

Г-н Воронов!

Понять Вашу победу духа над телом – можно. Нельзя простить, когда восторг неофита, не отягощенного серьезными знаниями (не Ваша вина) подвигает его не просто на запись своих ощущений во время голодания по чьей-то методике (критически отнестись к ней он не может, ведь он же – преодолел, прошел, так сказать, «путь Христа»!), но и берет на себя смелость давать рекомендации, причем, как мы видели, иногда просто убийственные.

Я не знаю, сколько людей уже пострадало от Ваших заметок и им подобных книжек, но уверен, что много. В Москве, по соседству со мной жила врач-терапевт районной поликлиники. По ее словам, каждую неделю один-два таких «энтузиаста» оказывались у них в приемном отделении.

Я призываю вас, г-н Воронов, изъять свою книгу из магазинов и Интернета. Если это невозможно – напишите опровержение или, на худой конец, разместите рядом с этим материалом мое письмо. Этим вы хотя бы немного уменьшите количество людей, умерших или ставших инвалидами, следуя «методикам» из подобных сочинений. Их жизнь и здоровье – на Вашей совести!

www.ingramcontent.com/pod-product-compliance
Lightning Source LLC
Chambersburg PA
CBHW032017170526
45157CB00002B/731